口絵１　プラネタリウムにおける北天の星の軌跡　（府中市郷土の森博物館）

（口絵写真につき、提供者の表記のないものは、すべて五藤光学研究所の提供による）

口絵 2　プラネタリウムに映し出された星空と夜の川面や街
（へきしんギャラクシープラザ（安城市文化センター）プラネタリウム）

口絵 3　デジタル映像によりドームに映し出される地球（上）と土星に接近（下）
（上：スペース LABO（北九州市科学館）、下：いしかわ子ども交流センター）

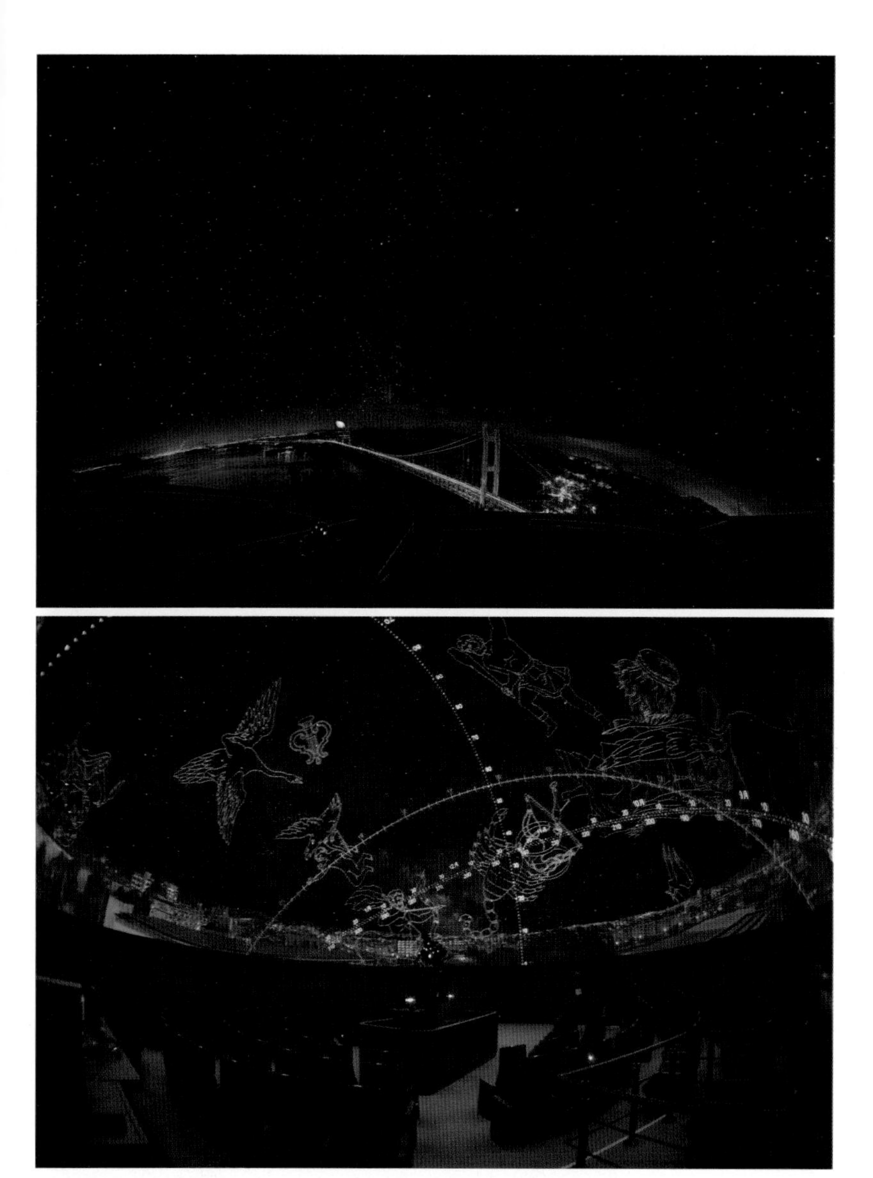

口絵４　ハイブリッド・プラネタリウムで投映される瀬戸大橋と星空（上）と星座絵や座標系（下）　（上：倉敷科学センター、下：京都市青少年科学センター）

ツァイス型
（提供：明石市立天文科学館）

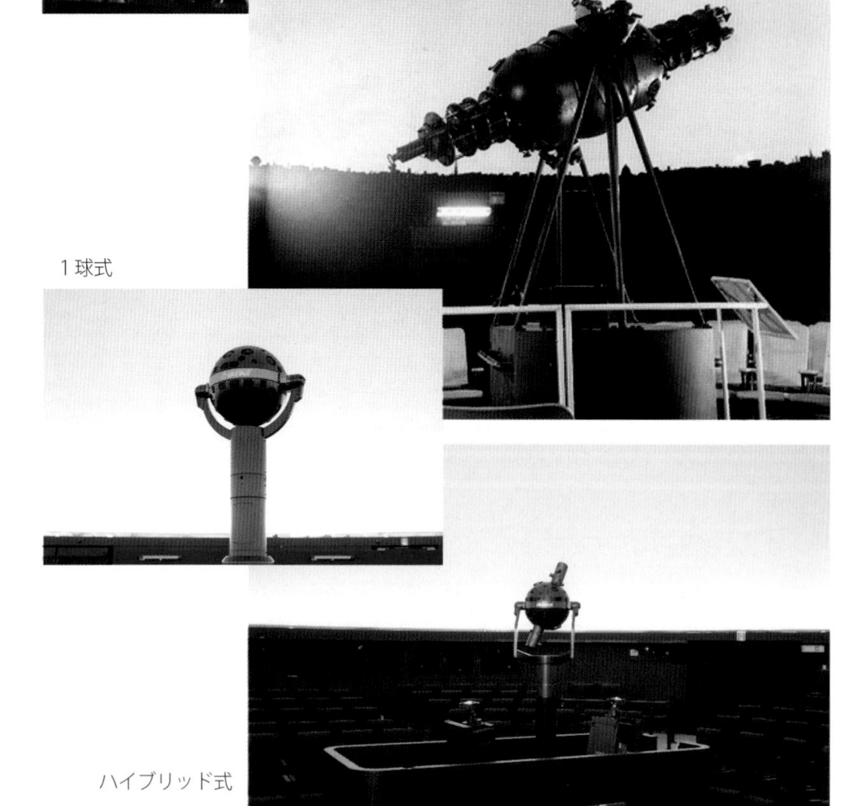

モリソン型

1球式

ハイブリッド式

口絵5　プラネタリウムの各種投映機

口絵６　プラネタリウムの各種機材とメンテナンスの様子

（提供：郡山市ふれあい科学館）

（提供：安城市文化センター）

（提供：明石市立天文科学館）

（提供：安城市文化センター）

（提供：仙台市天文台）

口絵７　プラネタリウムで開催されるコンサートやイベント

みんなが知りたいシリーズ⑳

プラネタリウムの疑問 50

五藤光学研究所　編

成山堂書店

はしがき

1923年，ドイツで生まれたプラネタリウム（現在まで続く近代的プラネタリウム）は，2023年で100周年の節目を迎えました。

初期の頃のプラネタリウムは，「地球上から星空を眺める」という視点が中心でした。リクライニングする椅子にもたれ，ゆったりとした雰囲気の中で，流れるクラシック音楽に包まれながら，ドーム内はだんだんと日が暮れて夕焼けとなり，空に星が輝きはじめます。映し出された星空を見上げながら，解説者は，その日の星空や星座にまつわるギリシャ神話について語ったり，その時期に見ることのできる天文現象を紹介したりしていました。星空の解説が終わりに近づくと，徐々に明るくなるドームの中で，解説者の「おはようございます」の声とともに翌日の朝を迎えるというのが定番でした。

1980年代になると，スライド投映機やビデオプロジェクター，全天周映像といった映像機器が数多くみられるようになります。プラネタリウムにも，投映機を中心に置いた円形の水平型ではなく，傾斜型という新しい形態が生まれます。さらに，地上からの星空だけではなく，宇宙空間から眺めることのできる星空や惑星の動きが表現できるようになりました。また，全天に拡がるドームスクリーンに大型映像を投映することで，迫力ある映像を体験することができるようになったのもこの頃からです。

2000年代になると，コンピュータの発達により，自身がロケットに乗って宇宙空間を移動するかのごとく，太陽系を離れ，銀河系を俯瞰したり，遥か遠く138億光年先の宇宙までを表現したりすることができるようになりました。さらに複数台のビデオプロジェクターを組み合わせて，星空や宇宙だけでなく，アニメーション番組や観光映像なども投映することができるようになるなど，劇的に進化してきました。

かつて，プラネタリウムの解説者として活躍し，残念ながら2022年に亡くなられた河原郁夫氏は，プラネタリウムについてこのように語っています。

私は人間が生きてゆくために大事なものが，このプラネタリウムという空間の中にあるのではないかと思っています。プラネタリウムは，天文学の普及のためにあるのではなく，本物の星空，自然に眼を向けさせることにある。それは，地球という星に住む一人の人間として，自分自身を知ることに繋がると思うのです。広い視野と豊かな心を持って社会に貢献できる人間の形成に役立つ場所。それがプラネタリウムだと信じています。

本書では，100年の歴史を有するプラネタリウムについて，その誕生から現在までの移り変わり，しくみや楽しみ方，魅力などを，プラネタリウムの製造を行うメーカーの社員や，プラネタリウム施設の運営に携わり，投映 (解説) を行う解説者がわかりやすく紹介しています。この本を通じて，より多くの方々にプラネタリウムに興味を持っていただき，実際に訪れていただければ幸いです。

2023 年 7 月

株式会社五藤光学研究所

明井　英太郎

執筆者一覧（五十音順）

執筆者	担当
明井英太郎（あかい　えいたろう）	Q12/Q21/Q22/Q24/Q25/Q27/Q28/Q29/Q30/Q45/Q48
安藤　享平（あんどう　きょうへい）	Q3/Q13/Q14/Q18/Q20/Q37/Q38/Q39/Q40/Q41/Q43/Q44/Q47/Q49
井上　　毅（いのうえ　たけし）	Q19
今井　文子（いまい　ふみこ）	Q4/Q7/Q8/Q9/Q10/Q11
小野寺正己（おのでら　まさみ）	Q47/Q49
笠原　　誠（かさはら　まこと）	Q16
木村かおる（きむら　かおる）	Q34
小林　則子（こばやし　のりこ）	Q44
佐藤　俊男（さとう　としお）	Q17/Q26
髙橋智香子（たかはし　ちかこ）	Q39
多胡　孝一（たご　こういち）	Q23/Q33/Q37/Q39/Q40/Q42/Q43/Q44/Q47/Q49
塚田　　健（つかだ　けん）	Q5/Q6/Q15/Q31/Q32
日本プラネタリウム協議会（にほんぷらねたりうむきょうぎかい）	Q36
長谷川哲郎（はせがわ　てつろう）	Q37
平岡　　晋（ひらおか　しん）	Q35
松下　真人（まつした　まさと）	Q38
宗政　　剛（むねまさ　つよし）	Q42
毛利　勝廣（もうり　かつひろ）	Q1/Q2/Q50
森屋　　哲（もりや　てつ）	Q46

目　次

はしがき……………… i

目次…………………… v

Section 1　プラネタリウムのきほん

Question 1 …… 2
「プラネタリウム」の名前の由来を教えてください。

Question 2 …… 5
プラネタリウムを作った目的はなんですか？

Question 3 …… 9
プラネタリウムはどのようにして誕生しましたか？

Question 4 …… 14
星の正しい位置をどうやって映し出しているの？

Question 5 …… 16
どうやって星を映し出しているのですか？

Question 6 …… 19
どのくらいの数の星を映し出せるのですか？

Question 7 …… 22
星の明るさや色の違いはどうやって映すの？

Question 8 …… 25
プラネタリウムの投映機の中身はどうなっているの？

Question 9 …… 28
プラネタリウムはどんな部品からできているの？

Question 10 …… 30
プラネタリウムがぐるぐる回っても電線が絡まないの？

Question 11 ……32
プラネタリウムの大きさや重さを教えてください。
Question 12 ……36
星座の絵は，だれが描いているの？

Section 2　もっと知りたいプラネタリウム

Question 13 ……40
プラネタリウムの投映機はどのように進化してきたの？
Question 14 ……44
プラネタリウムの補助投映機はどのように進化したの？
Question 15 ……47
昔といまのプラネタリウムの違いを教えてください。
Question 16 ……49
投映された星は，どのくらいリアルなの？
Question 17 ……51
ハイブリッド式って何？
Question 18 ……54
デジタル式プラネタリウムは，どう進化してきましたか？
Question 19 ……57
世界初・日本初のプラネタリウムを教えてください。
Question 20 ……62
プラネタリウムの博物館や歴史館はありますか？

Section 3　プラネタリウムをつくる

Question 21 ……68
プラネタリウムを作っている会社っていくつあるの？

Question 22 ……71
プラネタリウムを作るのにどのくらいの期間がかかるの？

Question 23 ……73
プラネタリウムは自分で作ることができますか？

Question 24 ……75
プラネタリウムはどんな施設のなかにありますか？

Question 25 ……79
プラネタリウム施設の「形」について教えてください。

Question 26 ……83
ドームスクリーンに小さな孔が開いているのはなぜですか？

Question 27 ……85
ドームスクリーンの裏側ってどうなっているの？

Question 28 ……88
ドームスクリーンと映画館のスクリーンは違うの？

Question 29 ……90
ドームのスピーカーは何個使っているの？

Question 30 ……92
プラネタリウムの座席は特別注文なの？

Section 4　世界のプラネタリウムと投映内容

Question 31 ……96
プラネタリウムは，世界にどのくらいありますか？

Question 32 ……98
有名なプラネタリウムを教えてください。

Question 33 ……101
プラネタリウムそれぞれに名前はあるの？

Question 34 …… 104
世界のプラネタリウムではどんな投映をしているの？

Question 35 …… 106
世界の変わったプラネタリウムを教えてください。

Question 36 …… 110
プラネタリウムにはどのくらいの人が訪れるのですか？

Question 37 …… 112
どんな投映内容がありますか？

Section 5　解説者のしごととプラネタリウムの楽しみ方

Question 38 …… 120
プラネタリウムの解説者になるには，どんなスキルや能力が必要ですか？

Question 39 …… 122
解説者は投映時以外どんなしごとをしているの？

Question 40 …… 128
どうしたらプラネタリウムの解説者・職員になれるの？

Question 41 …… 130
投映時によく流れる音楽や BGM はなんですか？

Question 42 …… 135
投映時に使う音楽や BGM はどのように選びますか？

Question 43 …… 137
プラネタリウムを楽しむコツはありますか？

Question 44 …… 140
プラネタリウムで眠ってしまってもいいですか？

Question 45 …… 144
プラネタリウムでどんなことができますか？

Question 46 …… 147
プラネタリウムのマニアックな楽しみ方を教えてください。
Question 47 …… 149
プラネタリウムが人に与える効果を教えてください。
Question 48 …… 152
プラネタリウムの良し悪しはどこを見るとわかるの？
Question 49 …… 154
プラネタリウムの役割や意義はどんなところですか？
Question 50 …… 158
これからのプラネタリウムはどうなるでしょう？

索　　引 …… 160
編者紹介・執筆者略歴・執筆協力 …… 165

投映（投影）の表記について

トウエイという言葉には「投影」と「投映」の二つが存在します。初期には“プラネタリウム投影機”のように「投影」が用いられてきました。星空だけが映し出された暗闇の中で観客に宇宙や天体を想像させることを促した（心象に映像を投影した）ことも「投影」が使われてきた理由の一つかもしれません。しかし，最近では，ビデオプロジェクターなどを用いて映像をスクリーンに表示することが多くなりました。プラネタリウム施設でも「投映」が使われることが一般的となり，一部の辞書にも「投映」が掲載されるようになっていますので，本書では表記を「投映」に統一して記載いたします。

本文中の図・写真について

特に出所・提供等表記のないものは，すべて五藤光学研究所の提供，または，出版社が手配したものです。

Section 1 プラネタリウムのきほん

「プラネタリウム」の名前の由来を教えてください。

Question 1

Answerer 毛利 勝廣

「プラネタリウム」という言葉は，「惑星を見る場所」という意味で考え出された造語です。地球や火星などの惑星は英語で「プラネット（Planet）」と言いますが，それに，「見る場所」という意味の「アリウム（-arium）」がくっついて「プラネタリウム（Planetarium）」となったのです。

この言葉が付けられた最古の施設は，1781年，オランダに作られました。アマチュア天文学者のアイゼ・アイジンガー（Eise Eisinga，1744-1828年）が自宅に手作りした星を見る装置に，「プラネタリウム」という名前を付けたのです。

アイジンガーが作った装置は，現代ではオーラリー（Orrery，太陽系儀）に分類されるものです。オーラリーは，太陽の周囲を回る水星，金星，地球，火星，木星，土星のその日の位置を眺めることができます。しかし，いまのプラネタリウムとは違い，皆さんがイメージするような星空を見るところではありませんでした。

大きな空＝「ドーム」を作って，その中央から星を映し出すという現在のプラネタリウムは，ドイツのミュンヘンにあるドイツ博物館から依頼を受けたカール・ツァイス社が発明したものです。1923年に作られたプラネタリウムの1号機「カール・ツァイスⅠ型」のラベルには，「プトレマイオス式プラネタリウム」という表記があります。プトレマイオスは，古代ローマの学者で，地球は宇宙の中心で，その他のすべての天体が地球の周りを回っているとする「天動説」を提唱した人です。プラネタリウムを使って地球から見上げた星空と惑星の動きを表現するということは，私たちが座って天を見上げるわけですから，夜空のほうが動くことになります。これを言い換えると，「天動説式プラネタリウム」となるのです。

現在ではドームを持たずに，スマートフォンやタブレット，PC などで空を表示するものにもプラネタリウムという言葉が使われます。ちなみに，プラネタリウムが最初に日本に来たときの訳語は「天象儀（てんしょうぎ）」でした。一番正確に事柄を表している言葉だと思いますが，いまではほとんど使われることはなくなりました。

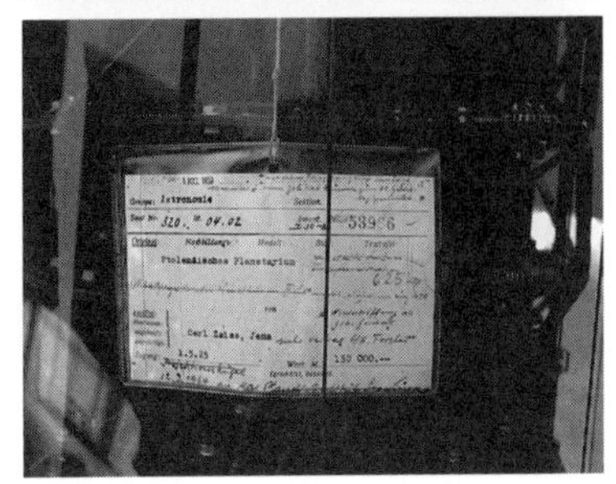

図 1-1　アイジンガープラネタリウム（上）と「カール・ツァイスⅠ型」のラベル（下）（提供：毛利勝廣）

なお，現在では世界のほとんどの国で「プラネタリウム」の名前が使われていますが，スペイン語やポルトガル語では「プラネターリオ（Planetario）」と発音し，また中国では，プラネタリウム施設のことを「天文館」，プラネタリウム投映機のことを「天象儀」と呼んでいます。

（注１）**「PLANETARIUM ／プラネタリウム」の名付け親**

一般的には，オランダのアイゼ・アイジンガーによる太陽系儀が世界で最初に「PLANETARIUM ／プラネタリウム」と名付けられた装置とされていますが，フランスのジョン・デサグリエ（1683-1744）が 1734 年に著した「A Course of Experimental Philosophy」の中で，彼の製作した太陽系運行儀を「PLANETARIUM」として説明しています。アイゼ・アイジンガーの 34 年前に「PLANETARIUM ／プラネタリウム」という言葉が用いられています。

参考文献 1）福山祥世（2015MS）「プラネタリウム史におけるデサグリエの功績」岡山理科大学生物地球学部卒業論文

プラネタリウムを作った目的はなんですか？

Question 2

Answerer 毛利 勝廣

現存する最古のプラネタリウムを作ったのは，オランダのアマチュア天文学者アイゼ・アイジンガーです。その目的は，星の動きや宇宙についての正しい知識の普及によって人びとに安心してもらおうと考えたものでした。

いまから250年ほど前の1774年5月8日，明け方の東空に水星，金星，火星，木星，月が一度に見えるという珍しい現象がありました。いわゆる「惑星直列」です。

当時，すでに惑星や月の位置は正確に算出できていたので，惑星直列について，それが何かを引き起こすような特別な現象ではないことを科学を学んだ人は知っていました。しかし，多くの一般市民はそれを理解していませんでした。それに乗じて，この珍しい現象について「不吉」「世界が終わる」というような新聞記事が書かれ，人びとは不安におののいたのです。

この様子を見たアイジンガーは，人びとに正しい宇宙の知識を伝え，不吉なことではないことを知らせる必要があると感じました。彼の生家は羊毛すきを仕事としていて決して裕福ではなく，小学校しか行かせてもらえませんでしたが，独学で数学の書物を書くなど才能を発揮していました。彼は自分ので

図2-1　1774年5月8日の木星・火星・水星・月・金星の会合
Piter Idsert Portier（出所：Tresoar, Leeuwarden, The Netherlands）

きることとして，わかりやすい太陽系の模型を作り，正しい天文学の知識を伝えようと考えたのです。

図 2-2　アイジンガープラネタリウムの内部（提供：毛利勝廣）

それから 7 年後の 1781 年，アイジンガーは自宅の居間の天井に太陽を中心に水星から土星までが毎日正しい位置に表示されるという模型を作り上げました。これがプラネタリウムの原型です。アイジンガーは町の人びとを自宅の居間に招いて，惑星の日々の動きを見せ，「たとえ，惑星の見える方向が偶然集結しても，それは年月とともに普通に起こりうることで，決して世の中の終わりなどにはつながらない」ということを示したのです。

図 2-3　世界最初の光学式プラネタリウム「カール・ツァイスⅠ型」（提供：毛利勝廣）

形は違えども，プラネタリウムが最新の天文学を学ぶ場所であるということは，ここから始まったのです。

また現在のプラネタリウムの原型となったドイツ博物館の場合は，さまざまな展示物が実物，本物で構成されている大博物館で，星空をどのように展示するかを考え具現化することが目

図 2-4　コペルニクス式プラネタリウム（出所：ドイツ博物館）

的でした。

ドイツ博物館のこの要望に対して，２つのプラネタリウムが作られました。ひとつはコペルニクス式（地動説）プラネタリウムです。これは丸い部屋の中央に太陽に見立てた光源として置き，その周囲に惑星の軌道が設定されています。丸い部屋の壁には，黄道 12 星座が描かれ，地球の軌道のところに見学者が乗り込むことができるゴンドラがありました。見学者はゴンドラに乗って地球軌道を周回し，暗くした部屋の中で内惑星や外惑星の動きを見ることができる仕組みでした。地動説という意味ではこれは正しい模型展示でしたが，現在にはつながりませんでした。

もうひとつが現在につながるプトレマイオス式（天動説）プラネタリウムです。丸いドームの中心に設置されたプラネタリウム（投映機）本体から，ドームに星を投映するという仕組みです。惑星の動きも機械仕掛けで再現し，中央から投映する仕組みが考案されました。名前は惑星を見る場所という意味のプラネタリウムでしたが，星空を手軽に楽しめる展示として大人気になっていったのです。

プラネタリウムはどのようにして誕生しましたか？

Question 3

Answerer 安藤 享平

私たちが目にするドーム状のスクリーンに星と惑星を映し出し，その動きを再現する「投映（projection）方式」のプラネタリウムは，1923 年に誕生しました。

古くから人は，空に輝く星の様子や動きなどの「宇宙の姿」を手元に再現し理解したいと考えてきました。「天球儀」もそのひとつです。天球儀は，「宇宙が地球を囲む巨大な球のようなもの」と考え，その球の表面に星座を描いてその様子を見られるようにしたもので，紀元前から作られていました。時代が経つと，天球儀は星の位置を表すために「黄道」（太陽が地球を 1 年で 1 周して描く天球上の円）や「赤道」といった座標が書かれるだけでなく，回転する軸を設けることで日周運動や緯度運動，歳差運動が可能になっていきました。

太陽や月・惑星の動きを表すために，考案された装置も紀元前からありました。「天文時計」というもので，その最古は紀元前 2 世紀のアルキメデスの時代にまでさかのぼります。それぞれの天体の動きに応じた正確な歯車の組み合わせで，日食を再現することまで可能であったと言います。このアイデアによる装置の一部と考えられる物が沈没船から発見されていま

図 3-1　アンティキティラ島の機械

す（アンティキティラ島の機械）。

その後，西洋・東洋でこうした装置は発展してきました。天球儀は，星の様子を天球の外から見る，言わば「神の視点」になりますが，この天球儀を巨大化し，その中に入ることができる構造にして，さらにその天球儀を回転させることで，見上げる星空とその動きに近づけていきました。17 世紀に製作された，デンマークのフリードリッヒⅢ世の「ゴットルプ天球儀」は，太陽と月の動きも再現できました。

天文時計は，惑星の動きを精密に表現する模型として，後に「オーラリー」と呼ばれる機構のものが作られていきます。なかでも 1781 年にオランダのアイゼ・アイジンガーが自宅の天井に作成したオーラリーは「プラネタリウム」と名付けられ，多くの人が見学に訪れました。

20 世紀になると，投映方式の装置が考えられるようになってきました。1913 年にエドゥアルト・ヒンデルマンは，電球を地球に見立てて，太陽や惑星の影が壁に映し出せる仕組みを考案しました。投映方式の元祖とも言えるアイデアのひとつです。

こうした，長年の人びとの「宇宙を室内で再現したい」という想いと機構の検討の積み重ねが，現在のプラネタリウムにつながっているのです。

世界初の投映方式のプラネタリウムが誕生するきっかけとなったのは，20 世紀はじめのドイツでした。この頃，ドイツ博物館設立の準備を行っていたオスカー・フォン・ミラーに，天文学者のマックス・ヴォルフが星空と惑星の動きを正確に再現する装置を博物館に設置するよう提案したのです。

ドイツ博物館は，1903年に創設された世界最大の理工系博物館で，自然科学や科学技術に関する，数多くの実物が展示されています。しかし，天文に関する展示については，頭を悩ませていました。当初は透明な天球儀の中にオーラリーを入れたものが製作されましたが，より本物に近い星空を再現したいという希望を持っていたのです。

図3-2　ゴットルプ天球儀（提供：児玉光義，撮影：仙台市天文台・故 小石川正弘）

ミラーは，ドイツのイエナにあった光学機器メーカーのカール・ツァイス社に製作を依頼します。このとき，当初は従来からあった惑星の動きを表す模型「オーラリー」と，「ゴットルプ天球儀」のような巨大なボール状の天球儀の中に人が入って内側から見上げる装置２つの製作が進められました。しかし，オーラリーやゴットルプ天球儀では機械が大掛かりで，博物館の展示室に納めるには困難でした。

1914年に大きな転機がやってきました。カール・ツァイス社の技師だったヴァルター・バウアースフェルトが，暗い部屋に天体を映し出す投映方式を提案したのです。こうして，オーラリーをベースとしたものと投映方式の２つの装置の開発が始まりますが，第一次世界大戦のために中断を余儀なくされます。再開後，多くの技師や天文学者が機械的・天文学的な計算を行い，600 枚以上の設計図面が書かれ，1919 年から 5 年にわたる製作期間を経て，1923 年に試験公開が行われたのです。

図 3-3　世界初のプラネタリウム投映機「カール・ツァイスⅠ型」
（提供：明石市立天文科学館）

1923 年 8 月以降，イエナのカール・ツァイス社工場で本格的な試験動作を行ったのち，同年 10 月 21 日には，ドイツ博物館の 10 m ドームでも関係者限定で試験投映が行われました。そのあと最終的な仕上げのために工場に戻されたのち，1924 年にはカール・ツァイス社の屋上に設置されたドームで試験公開が行われました。そして，1925 年 5 月 7 日のドイツ博物館開館とともに一般公開されました。こうして世界初のプラネタリウムが誕生したのです。ドーム内に映し出される星空の様子に人びとは驚きました。それは，「イエナの驚嘆」と言われるほどの衝撃的なものだったようです。

このツァイスⅠ型では，200 W の電球を用いて 1 等星から 6 等星の一部まで，約 4,500 個の恒星と太陽，月，5 つの惑星を映し出すことができました。そして，これらが時間とともに位置を変えていく日周・年周運動を，月の満ち欠けと併せて表現することもできたのです。星空の臨場感ある様子と，その時間による動きを一目瞭然に知ることができる，画期的なものでした。

図 3-4　1937 年大阪市立電気科学館開館当時のカール・ツァイスⅡ型投映機
（提供：大阪市立科学館）

一方で，カール・ツァイス社はツァイスⅠ型の製作途中から，より改良した次の投映機の設計も始めていました。ツァイスⅠ型はドイツ・ミュンヘン付近の星空は再現できましたが，南極など緯度の異なる場所の星空は映すことができませんでした。そこで，緯度変化の機構を加えて世界中の星空の再現とともに，歳差運動の表現を可能にしたのです。今度は 1,000 W の電球を用いて 6.5 等星までの星を約 8,900 個まで映せる「カール・ツァイスⅡ型」を 1926 年に完成させました。

このツァイスⅡ型は万能型として，世界各地に設置されるようになります。1937 年には日本で初めてのプラネタリウムとして大阪市立電気科学館に，翌 1938 年には東京・有楽町の東日天文館に設置されました。以来，数多くのプラネタリウムが作られ，それぞれに工夫や新しい機能の追加はありますが，カール・ツァイスⅡ型が「地球から見た星空のあらゆる様子をドームスクリーンに映し出し，惑星などの天体運行を再現する」プラネタリウムとしての完成形と言えるでしょう。

星の正しい位置をどうやって映し出しているの？

Question 4

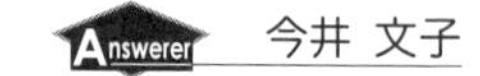

Answerer 今井 文子

夜空に輝く星は，広大な宇宙の中にさまざまな距離をもって散らばっていますが，いずれもがとても遠くにあるのでその距離を感じることができず，明るさや色の異なる星がまるで「空」という天井に貼りついているように見えます。そこで，天文学の世界では，観測者を中心とした任意の半径を持つ丸天井の「空」にすべての星があると考え，それを「天球」と呼んでいます。プラネタリウムのドームスクリーンは，まさにこの「天球」を模したものです。

さて，プラネタリウム投映機を小さな天球と考えて**図 4-1** に示すようにドームスクリーンの中心，すなわち観測者の位置に置けば，天球（ドーム）上の星とプラネタリウム投映機の同じ星，そしてドームスクリーンの中心（観測者の位置）は直線上に並びます。観測者の位置であるプラネタリウムの中心に光源を置けば，そこから出る光は，プラネタリウム投映機の小さな天球を通りドームスクリーンである天球の正確な位置に星を描き出すことができます。

プラネタリウム投映機は，地平線下を含む 360 度すべての星が再現できるよう作られているので，地球上のあらゆる場所の任意の時刻の星空であっても，そこで見えている星空の向きを計算し，プラネタリウム投映機をその向きに回転させることで星空を再現できるのです。

また，小さな天球は，より自然な星空を投映できるように投映レンズと「恒星原板」と呼ぶ板を，複数組み合わせて構成しています。恒星原板には，正確な星の位置が記載されている「星表（せいひょう）」の値に，原板の取り付けられる位置やレ

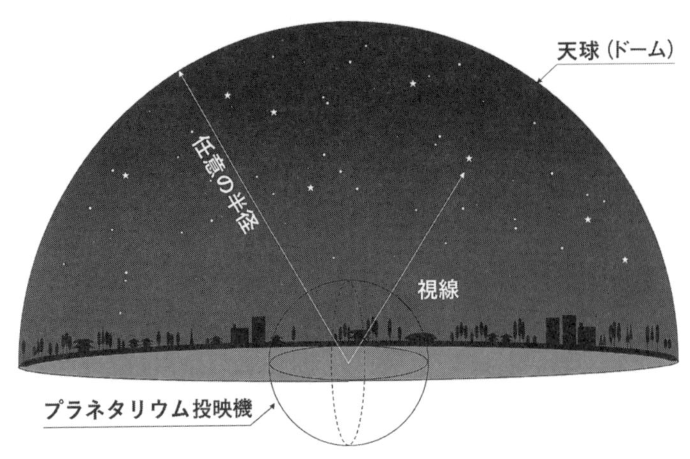

図4-1　プラネタリウム投映機と天球（ドーム）の関係

ンズの特性を加味して補正を加えて星を描き，ドームスクリーン上の正しい位置に投映できるようにします（投映機の中身については，Q8を参照）。

参考文献　1）児玉光義「プラネタリウム技術の系統化調査」 国立科学博物館技術の系統化調査報告　Vol.29 2020. March

どうやって星を映し出しているのですか？

Question 5

Answerer 塚田 健

プラネタリウムの投映機には大きく分けて「光学式」と「デジタル式」があります。昔は「ピンホール式」と呼ばれるタイプもありましたが，現在ではあまり使われていません。

光学式

投映機の中心部に光源（電球，近年ではLED）があります。その光が星の配列に合わせて孔を開けた「恒星原板」の孔を通り，さらにレンズでドームスクリーンに焦点が合うように調整されて星として映ります。恒星原板は，プラネタリウムの中核となる星の位置や明るさなどを正確に記した特殊なガラス板で，星の明るさは恒星原板の孔の大きさで再現されるため，どうしても明るい星はドームスクリーンに映る像が大きくなってしまいます。そのため，１等星などの明るい星は別の専用投映機で個別に映すことが多いです。また惑星は恒星とは違い天球上で複雑な動きを見せるため，別の投映機で映しますが，この惑星の動きを再現できてこそ「プラネタリウム」と言えるでしょう。なお，多くの場合，星空を32分割にして，32枚の恒星原板で全天の星を映しています。光学式の構造については，Q17で説明していますので参照してみてください。

図5-1　恒星原板

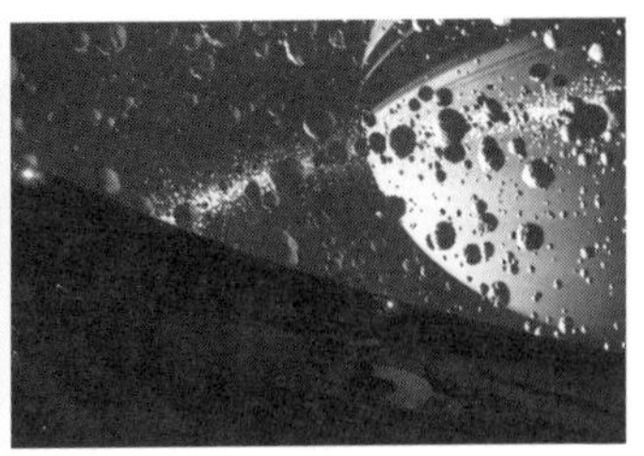

図 5-2　デジタル式の投映イメージ

デジタル式

コンピュータで再現した星空をプロジェクターでドームスクリーンに映します。プロジェクターの数は施設によってさまざまで，魚眼レンズを用いてプロジェクター 1 台で映す場合もあれば，複数のプロジェクターで全天を覆う場合もあります。星の明るさはプロジェクターの輝度によりますが，星の明るさを星像の大きさで表さなければならないのは光学式と同様です。

なお，光学式とデジタル式の組み合わせ方は施設ごとに異なり，光学式しかない施設，デジタル式しかない施設，両方ある施設とまちまちですが，多くの施設では，両方のメリットを取り込んで，魅力ある映像を提供しています。

ピンホール式

光源の周りにカバーを付けたもので，このカバーの星の位置に孔が開けられたものです。孔の大きさは，星の明るさに対応していて，1 等星のような明るい星は，孔が大きくなります。この孔から漏れた光がスクリーンに当たると，そこに星が映るという仕組みです。自由研究などで自作するプラネタリウムや，科学館のミュージアムショップなどで売られているプラネタリウムは，いまもこのピンホール式が多いのではないでしょうか。

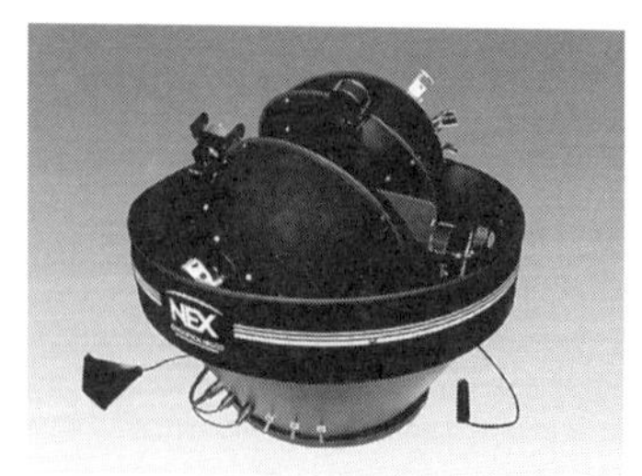

図 5-3　ピンホール式プラネタリウム（五藤光学研究所製）

どのくらいの数の星を映し出せるのですか？

Question 6

Answerer 塚田 健

初期の頃のプラネタリウム投映機（光学式）は，約 6,500 個の星を映すことができました。この 6,500 という数は，実際の夜空で人間の目で見ることができると言われている 6.25 等星までの星の数になります。その後，技術の進歩により，プラネタリウム投映機の性能もどんどん上がり，1990 年代の前半には，7 等星くらいまでの数万個もの星を映し出せるようになりました。ドームの空に数万個もの星を見ることができるのです。

映すことのできる星の数を劇的に増やしたのは，1998 年に登場したプラネタリウム投映機「MEGASTAR（メガスター）」です。この「MEGASTAR」はプラネタリウム・クリエーターの大平貴之氏が開発したもので，従来の 100 倍以上に相当する 11 等星までの 170 万個もの星を映すことができました。まさにメガ（100 万）スターでした。

さらに，これまではぼんやりとした「光の帯」として再現されていた「天の川」を，本物の夜空のように，恒星の集まりとして表現することを可能にしたのです。これは飛躍的な進化でした。

これ以降も，より多くの星を映すことを目指して技術を進歩させてきました。近年，肉眼でギリギリ見ることのできる約 6.55 等星までの星約 9,500 個に加え，天の川の星を含めて，約 18 等星ま

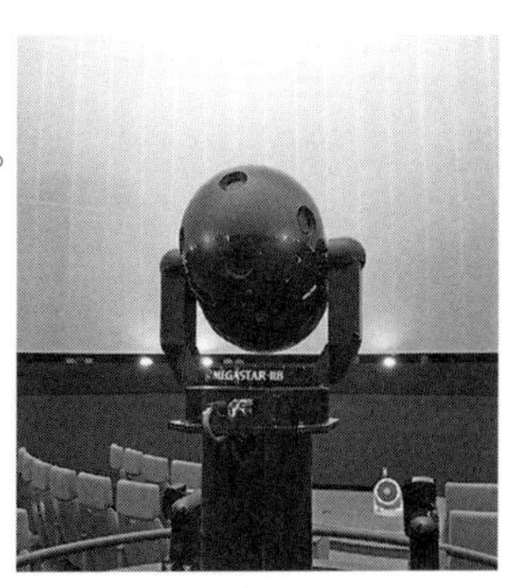

図 6-1　MEGASTAR-ⅡB

図 6-2　約 1 億 4,000 万個の恒星を投映する「CHIRONⅡ（五藤光学研究所製）」（左）と映し出される天の川（右）

での約 1 億 4,000 万個の星を映し出すことができるようになっています。さらに，2023 年 3 月には，㈲大平技研が開発した「ギガマスク」という恒星原板を搭載した投映機「MEGASTAR-ⅡA」が，「少なくとも 7 億個の恒星を投映できるプラネタリウム投映機」としてギネス世界記録に認定されました。

図 6-3　ドーム全面に投映された約 10 億個の恒星（東大阪市立児童文化スポーツセンター ドリーム２１）

一方，Q5 で述べたようにプラネタリウム投映機には「光学式」と「デジタル式」があります。デジタル式は，星のデータがある限り映せる星の数を無限に増やすことができます。しかし，光学式に比べると「星像」が大きいため，あまり多くの星を映し出すと，「天の川」を恒星の集まりとして再現することは難しくなりしますし，映し出す星の数を増やしてしまうと夜空より星の光の面積が大きくなって，全体が明るくなってしまいます。

なお，映し出す星の数は多ければいいというわけではありません。大切なのは，映し出された星空を素材にして何を語るかで，投映する星の数を肉眼で見える約 9,500 個に絞っているプラネタリウム施設もあるのです。これは，そのプラネタリウム施設や職員の「こだわり」かもしれません。

星の明るさや色の違いはどうやって映すの？

Question 7

Answerer 今井 文子

夜空に見える星のほとんどは「恒星」と呼ばれ，太陽と同じように自ら光を発して輝いています。星の明るさの違いは，ほとんど地球までの距離によって決まりますが，地球上で見える見かけの明るさの違いは，１等星，２等星というように，等級で表しています。光学式のプラネタリウムでは，この星の明るさの違いを「恒星原板」と呼ばれるガラス板に開けた小さな孔の面積の違いで表します。明るい星は大きい孔，暗い星は小さい孔にすることで，孔を通る光の量で等級を忠実に再現しているのです。孔の大きさは，実際の星の等級と見かけの明るさの関係を定めた「ポグソンの式(注1)」に従って正確に決められています。

初期の投映機の恒星原板は，薄い金属箔に 0.05 mm 程度のごく小さな孔を職人が手で開け，それをガラスで挟んでいました。近年では，電子回路の基板を製造するのと同じような方法で，ガラスに蒸着(注2)した金属をエッチング(注3)することで，直径 0.005 mm ほどのさらに小さな孔を開けています。これによって，実際の夜空に輝く星のように，小さく明るい輝点として明るさの異なる星をプラネタリウムで再現できるようになりました。

また，星にはそれぞれに固有の色があります。たとえば，さそり座の１等星「アンタレス」は赤い色の星，おおいぬ座の「シリウス」は青白い色の星です。しかし，プラネタリウムでは光源の色温度(注4)によって星の色が決まってしまうため，１等星のような明るく特徴的な星（アンタレスやシリウスなど）には，個別にその星だけを投映する「投映筒」を別に設けたり，恒星

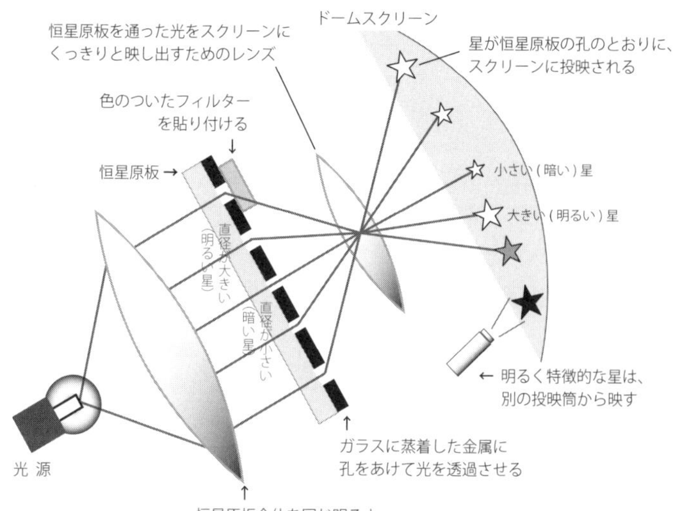

図 7-1 恒星原板を用いた星の明るさと色の再現

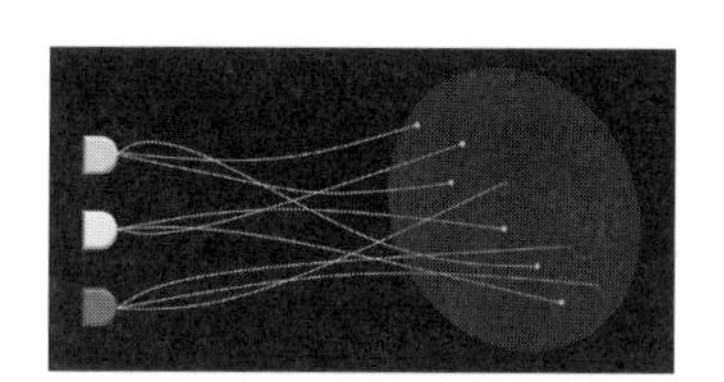

図 7-2 LED 光源（導光方式）を
用いた星の明るさと色の再現

原板の上に色フィルターを貼りつけて色の「違い」を再現しています。

最新の投映機では，光源に LED を用いて，個々の恒星の固有色に合わせた光を作り出し，その光をひとつひとつの星に導くことで，より自然な星空を映し出せるようになっています。また，光ファイバーを応用した技術によって，映し出す星の等級差を自在に変えて，都会で見る星空から，山の上で，あるいは宇宙空間で見るような満天の星空までを，プラネタリウムという閉ざされた空間の中でも，リアルに再現することが可能になりました。本物の夜空に近い星空を投映するために，技術は進歩してきたのです。

（注１）**ポグソンの式**：１等星と６等星の明るさは100倍違うという関係式。イギリスの天文学者ノーマン・ロバート・ポグソンが考案した。

$$m_1 - m_2 = -2.5 \log_{10}\left(\frac{F_1}{F_2}\right)$$

F_1：m_1等級の星の見かけの明るさ
F_2：m_2等級の星の見かけの明るさ

（注２）**蒸着**：金属などを蒸発させ，素材の表面に付着させる表面処理方法。

（注３）**エッチング**：薬品で不要部分を溶かすことで，対象物を加工する技術。

（注４）**色温度**：光の色を定量的な数値で表現する尺度。光の色は温度が高くなるにつれて赤，黄，白，青白と変化する。

プラネタリウムの投映機の中身はどうなっているの？

Question 8

Answerer 今井 文子

プラネタリウムの投映機は，大きく分けて「星を映し出す部分」と，任意の場所や時刻を再現する「投映機を動かす部分」の2つからできています。

星を映し出す部分

「恒星投映機」は，「天球」に張り付いた恒星を，複数の投映筒によって継ぎ目なく映し出します。この「天球」の分割は，サッカーボールの32面体のように，五角形と六角形の各面で星空を構成するように投映筒が設けられています。北の空を16個，南の空を16個の領域に分割し，その領域の恒星を投映しているのです。各投映筒は，光源から出た光をレンズで集光し，その光が恒星原板（Q4, 5に写真と説明あり）に開けられた孔を通り，投映レンズを通してドームスクリーンに焦点が合した輝点として投映する仕組みとなっています。また，地平線より下に星々が映らないように，恒星シャッ

図8-1　M-1型（五藤光学研究所製）プラネタリウムのカットモデル

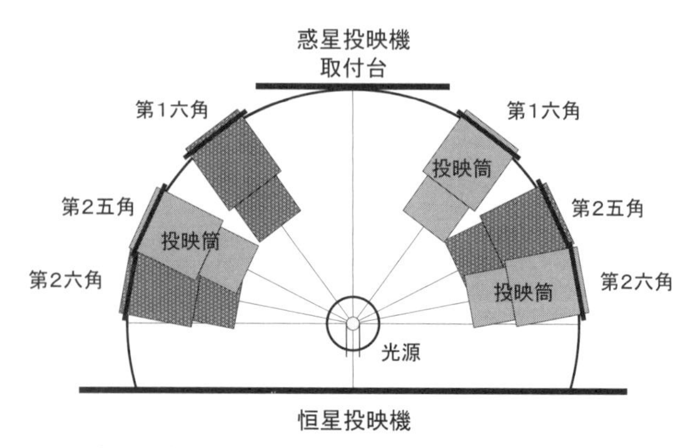

図 8-2　恒星投映機の構造

空全体をサッカーボールのように，五角形 12 個と六角形 20 個の 32 個に分けて星を映す。

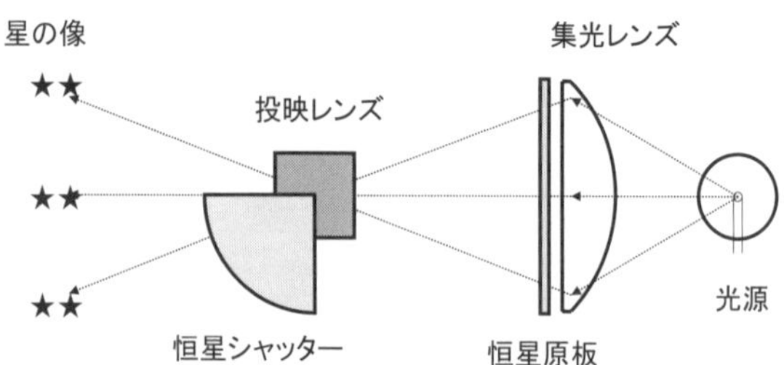

図 8-3　M-1 型プラネタリウムの恒星投映筒内部（上）とその構造（下）

ターと呼ばれる光をさえぎる装置がついており，投映筒からの光が観客の目に入らないように工夫されています。

最近では，恒星球の分割方法は32面体ではなく，24面体や12面体などを採用した「投映機」も生み出されています。

投映機を動かす部分

プラネタリウムの中身で重要なのは運動機能です。投映機には複数の回転軸があり，それぞれが個別に回転運動することで，あらゆる場所と時間の星空を再現することができます。

たとえば，自分の周りの風景が回転して東西南北ぐるりと見渡すことができる「方位軸」や，地球の緯度の違いによって，北極や南極，赤道直下などで見ることのできる星空を再現する「緯度軸」，1日の星の動きを再現する「日周軸」，地球の歳差（味噌擂り運動）を表す「歳差軸」などがあります。また，「年周軸」を動かすことによって，星空の中を太陽・月・惑星が動いてゆく様子を再現することができるよう工夫されています。

さらに，プラネタリウムでは，このような運動を操作卓（コンソール）から操作ができるようになっています。任意の場所や時刻の星空を投映したり，時間を進めたりあるいは，光源のON／OFFや明るさの調整などが行えます。

参考文献　1）児玉光義「プラネタリウム技術の系統化調査」 国立科学博物館技術の系統化調査報告　Vol.29 2020.　March

プラネタリウムはどんな部品からできているの？

Answerer 今井 文子

ドームの中心に設置されるプラネタリウム本体には，恒星や惑星映投機だけでなく，その他にさまざまな投映機が付属しています。たとえば，星空解説に必要な座標（子午線・赤道・黄道・極点など）や，明け方の空が白んでくる様子や夕方の薄暗い空の様子などを演出する朝夕焼け投映機などが備わっています。これらの投映機それぞれに，光源やレンズ，制御回路，そして構造体などが含まれ，1 万点以上の部品から成り立っています。

恒星を映す投映機も，シャープな像を映し出すために複数のレンズを組み合わせて作られていて，投映レンズや集光レンズ，それを取り付ける金物で構成されています。さらに，これらの投映機を動かし，制御するための機械部品や電子回路基板など，いろいろな種類の部品が多く含まれています。

プラネタリウムを動かす駆動部には，モーターやスリップリング（詳細はQ10 参照）と呼ばれる回転コネクタが使われています。また，星の光を投映するためには，光源となるランプや LED，その熱を外部に逃すための排気ファンなども必要です。

プラネタリウムは，時代を追うごとに高機能化され，大きさも小型化しています。そのため投映機内部に設けられている部品や機構は，より小さく複雑化しており，技術革新が日々図られています。

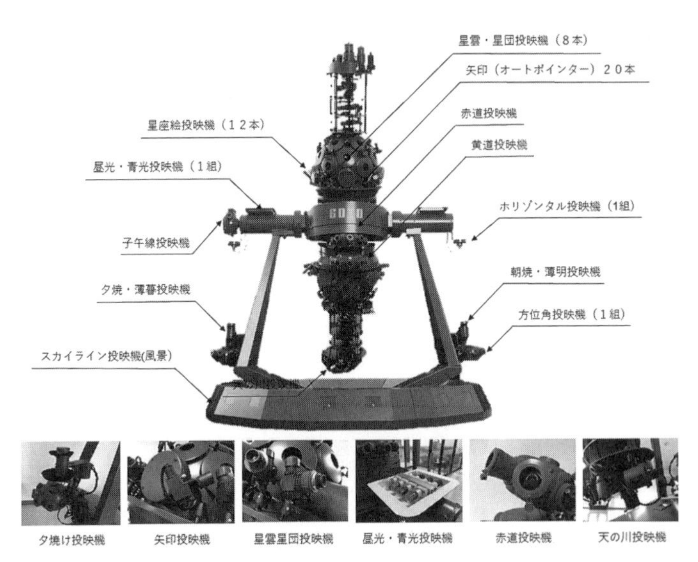

図 9-1　プラネタリウムの運動軸と各投映機の名称（五藤光学研究所製「G1014si」の投映機の一例）

プラネタリウムがぐるぐる回っても電線が絡まないの？

Question 10

Answerer 今井 文子

Q8 でも説明しましたが，プラネタリウムには複数の回転軸があります。地球の「自転軸」を再現する「歳差運動軸」，日周運動を再現する「日周運動軸」，そして，さまざまな緯度にある地域から見る星空を再現するための「緯度回転軸」などがあります。各々をどのように回転させても，機械が止まったり，電線が絡まるようなことはありません。

実は，それぞれの回転軸には「スリップリング」と呼ばれる機構が設けられています。「スリップリング」は，回転体に対して電力と電気信号を伝達することができる回転コネクタで，回転体に配置された金属製リングとブラシを介して電力や信号を伝達します。この機構を用いることで，ぐるぐると回っても電線が絡まることはありません。

皆さんの身近な製品にも，スリップリングは数多く使われています。かつては，ブラシとの摩擦によってブラシが擦れ，スリップリングを定期的に清掃する必要がありましたが，最近のスリップリングやブラシは，清掃しなくても長時間使用できるよう工夫されています。

図 10-1　スリップリングとブラシ

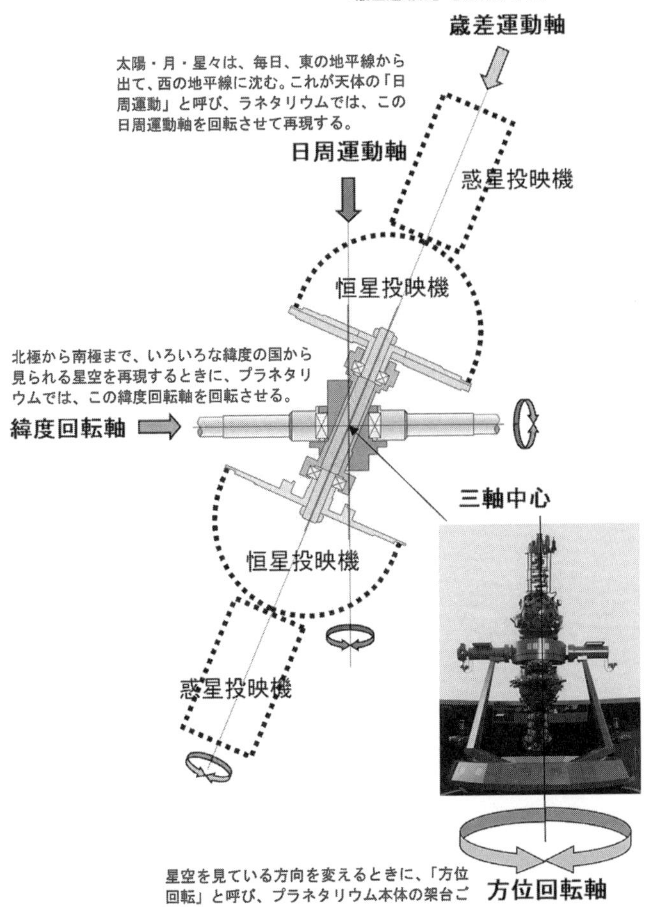

図 10-2　プラネタリウムの回転軸（五藤光学研究所製）

プラネタリウムの大きさや重さを教えてください。

Question 11

Answerer 今井 文子

最近のプラネタリウムではLEDが用いられていますが，かつてのプラネタリウムは，光源として電球が採用されており，大きなドーム径になるほど，明るい光を発生させることのできる大きな電球を使用しなければなりませんでした。その結果，大きなドームほど，プラネタリウムの大きさも大きくなり，重量も重くなる傾向にありました。

初期の投映機は，恒星を投映する「恒星球」と惑星を投映する「惑星棚」が一体となった形（形についてはQ15を参照）をしていますが，1959年の東京国際見本市で一般公開された「M-1（五藤光学研究所製）」は，中型ドーム対応の投映機で，大きさ263 cm，重量は約320 kgありました。現在，同じドーム径に対応する投映機「ORPHEUS（五藤光学研究所製）」の場合，大きさが93.8 cm，重量約130 kgと小型化かつ軽量化しています。

図11-1 「M-1」(1959年,左)と「ORPHEUS」(2017年,右)

図 11-2 「GSS-HELIOS」（1991 年,左）と「CHIRON Ⅲ」（2014 年,右）
（いずれも五藤光学研究所製）

また 1980 年代になると，惑星投映機が本体から分離し，形が変っていきます。1990 年代には，世界初の 1 球式の投映機「GSS-HELIOS（五藤光学研究所製）」が誕生し，ドーム直径 20 m 以上に対応する大型プラネタリウム初期の頃は，直径 100 cm で，重量約 1,000 kg ほどありましたが，今では直径 48 cm で重量約 120 kg と非常にコンパクトな球体になっています。

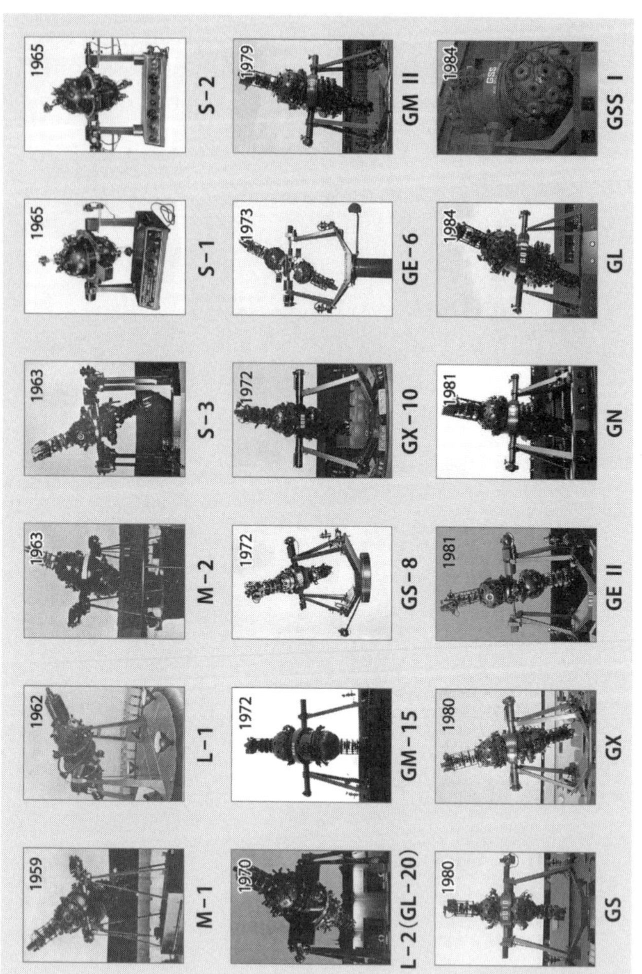

図 11-3　五藤光学研究所のプラネタリウム投映機の変遷①

注）レンズ投映方式で全天の恒星が投映でき，惑星の年周運動が自動のプラネタリウムを指します。

図 11-3　五藤光学研究所のプラネタリウム投映機の変遷②

星座の絵は，だれが描いているの？

Question 12

Answerer 明井英太郎

プラネタリウムで使われている星座の絵（星座絵）は，過去に出版された「書籍」や「星図」で描かれた絵をモチーフにして描かれています。

星座に関して書かれた最も古い著作物は，紀元前315年頃にギリシャで生まれたアラトスが記した『ファイノメナ』とされ，それ以前から知られていた48の古代星座について記されています。また，2世紀頃に著したとされるアレキサンドリアの学者プトレマイオスの著作にも48の古代星座が見られ，これらの星座は，ギリシャやローマの神話の中に息づく英雄たちの活躍とともに近代ヨーロッパに伝わりました。

15〜16世紀の大航海時代になると，ヨーロッパの航海者は南半球に船を進め，これまで北半球からは見ることができなかった南半球の星々を目にすることになり，航海のために新しい星座が作られました。こうした新しく作られた星座に，これまで知られていた星座を合わせて書籍として出版されたのが「星図」です。17世紀に発行されたグロティウスの「星座図帳」には美しい星座絵が描かれ，18世紀には恒星の位置を正確に表した「フラムスチード星図」（1729年）が発

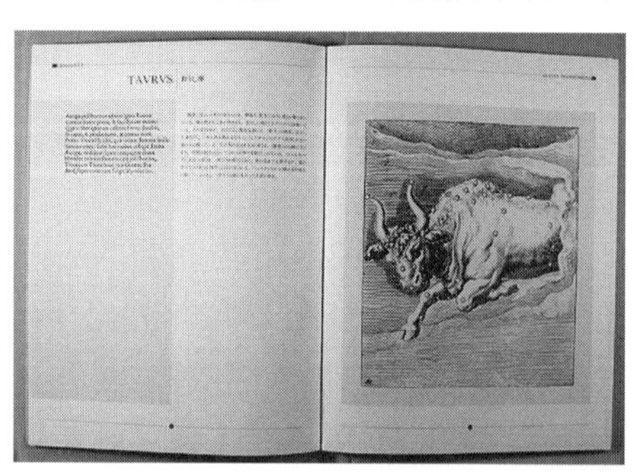

図12-1　グロティウスの「星座図帳」（提供：千葉市立郷土博物館）

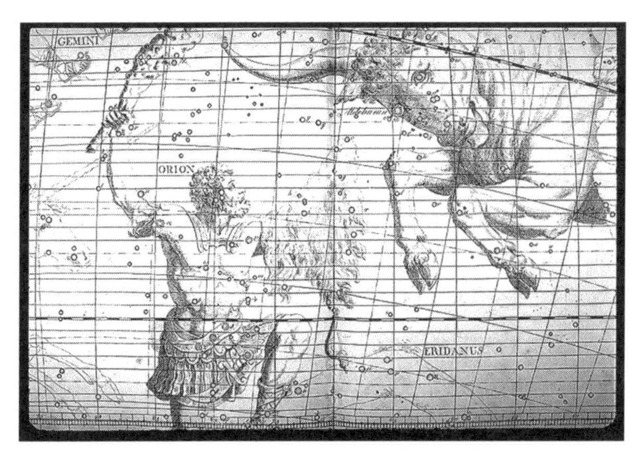

図 12-2　フラムスチードの『天球図譜』で描かれたオリオン座

行されました。その後の「ボーデ星図」（1782 年）や「ゴルトバッハ星図」（1799 年）などでも星座絵が描かれています。

1922 年，星座の数を 88 とすることが IAU（国際天文学連合）で定められました。また 1930 年には，肉眼で見える星は必ずどれかひとつの星座に漏れや重複なく所属することや星座の境界が定められました。けれども，星座の絵や線（結び方）についての決まりごとはありません。皆さんがプラネタリウムの投映で目にする星座絵や星座線は，必ずしも，その姿・形である必要はありません。しかし，多くのプラネタリウムメーカーでは，星の位置が正確でかつ挿絵が美しい「フラムスチード星図」あるいはそれに影響を受けた星図に描かれた「星図」を元にしてプラネタリウム用の星座絵としている場合が多いようです。

古代の人が夜空で星を眺め，星と星を結び，動物や人の姿を想像しそこに物語を作り出したように，プラネタリウムの星座絵もまた，見る人の想像力を邪魔しないように配慮されているのです。

Section 2 もっと知りたいプラネタリウム

プラネタリウムの投映機はどのように進化してきたの？

Question 13

Answerer 安藤 享平

プラネタリウム投映機の進化の大きな部分は「恒星の投映像」と「映し出せる恒星の数」の工夫でした。プラネタリウムが誕生した初期，1926年に発表された「カール・ツァイスⅡ型」では，肉眼で見ることができる6.5等星まですべての恒星の投映が可能となり，恒星の色についても表現が可能となりました。目で見た実際の星空に，どのようにしてより近づけるかという工夫が続けられてきました。その際，「恒星原板」（Q4, 5参照）上の孔の大きさ（光の量）で恒星の等級差を表現しようとすると，明るい星には，より大きな孔が必要となり，ぼったりとした大きな丸としてスクリーンに映し出されてしまいます。これを，実際に夜空で見る点像の恒星イメージに近づけるため，光源となる電球を明るくするとともに，恒星原板に開ける孔の大きさをなるべく小さくするように開発が進められてきたのです。さらに，星団や星雲といった，星空のなかに微かに見ることのできる天体も，恒星原板で表現したり，別の投映機から映し出したりするようになったのです。

恒星の等級差を生み出すためのユニークな仕組みの例としては，アメリカのコルコス兄弟が1957年に製作しボストンで公開されたプラネタリウムがあります。1～2等星を映し出す部分は1,000 W電球，3～4等星を映し出す部分は500 W，5等星以下を映し出す部分は250 W電球といったように，等級ごとに異なる光源（電球）を持つ恒星球によって，恒星の明るさを変えることで，恒星の明るさの差をなるべく自然に表現できるように工夫されたものでした。

現在，よく用いられる方法は，恒星原板に恒星の孔を開けるだけでなく，明るい1等星を別投映機により映し出す方法です。この方式は1956年に発表された，「カール・ツァイスⅣ型」から用いられるようになりました。これによって，明るさだけでなく恒星の色の表現も向上しました。また，見かけの明るさが変化する変光星や，恒星の固有運動といった，時間変化を必要として表現する機能も別投映機に搭載されるようになりました。

図13-1　コルコス兄弟が製作したプラネタリウム（Charles Hayden Planetarium, 米国 ボストン）（出所：五島プラネタリウム学芸報）

「映し出せる恒星の数」については，1926年の「カール・ツァイスⅡ型」が6.5等星までの約9,000個であったのに対して，前述したコルコス兄弟が製作したプラネタリウムでは，7.5等星まで約30,000個の恒星が投映できました。肉眼で見ることができない恒星の姿も人びとの目に捉えられるようにすることで，深遠な宇宙の姿をプラネタリウムで表現できるようにしたのです。また，1998年の国際プラネタリウム協会（IPS）のロンドン大会では，11等星までの170万個の恒星を映し出し，天の川を細かな恒星の集団として表現するプラネタリウムも登場して関係者を驚かせました。

図 13-2　10 億個を超える恒星を映し出す最新のプラネタリウム施設（東大阪市立児童文化スポーツセンター ドリーム２１）

その後，技術の進展もあり，恒星原板に非常に細かな孔を開けることが可能になったことで，いまでは何億個もの恒星を映し出す機種まで登場しています。一方で，肉眼で見た星空に近い表現をすることを目的に，映し出す恒星を 6.5 等星前後までに留めている機種も多くあります。

プラネタリウム投映機の動作に関してもさまざまな工夫がなされ，技術の進歩とともに，大きく変化してきました。モーターの性能の向上による投映機の高速回転や，計算精度や歯車加工の機械精度が増したことで惑星の動きの正確さなど，新たな投映機が登場するたびに，基本的な機能の向上が図られました。

大きな変化をもたらしたのは，コンピュータの導入です。1970 年代に「自動演出機能」が搭載されたプラネタリウム投映機が各社から登場し，あらかじめプログラムを登録しておくことで，自動で複雑な動作を行うことが可能となりました。補助投映機もあわせて多彩な演出を可能にし，テープレコーダーなどの音響装置と組み合わせることで，録音されたナレーションに合わせて投映機が動作する，いわゆる「オート番組」が可能となりました。

　また，コンピュータで惑星の動きを計算することが可能になったことも大きな進化です。それまでは地球からみた惑星の動きを，正確に計算された歯車の組み合わせによって動かしていた惑星投映機が，太陽系の他の惑星から見た様子を計算して再現することも可能にしたのです。

プラネタリウムの補助投映機はどのように進化したの？

Question 14

Answerer 安藤 享平

プラネタリウムで投映する「恒星」を補助して，さまざまな表現を行う「補助投映機」がどのように進化してきたかについてご紹介しましょう。

実際の星空で見られるさまざまな現象を投映できるように，プラネタリウム投映機の他に設置する「補助投映機」も，数多く作られてきました。たとえば，プラネタリウムの誕生後，比較的早い時期から，流れ星（流星）の表現は，「流星投映機」を別に設置することで対応していました。流れ星以外に新しい現象に対応する装置も時代によって作られています。たとえば，1956 年に人工衛星が宇宙に飛び立つと，すぐに「人工衛星投映機」が作られ，プラネタリウムの星空の中に人工衛星が動いていく様子が映し出せるようになりました。この他にも「オーロラ投映機」や「日食・月食投映機」など，私たちが星空を見上げて目にする印象深い現象をできる限り再現できるよう考えられてきました。また，太陽が 1 年の間，どのように運動しているのかを示す「二至二分投映機」というものもあります。二至二分は，「夏至・冬至（二至），春分・秋分（二分）」のことですが，これは冬至・春分・秋分・夏至の太陽が空でどのように動いていくのかを一度に表現できるもので，日の出・日の入りの方位の違いや，南中高度の高さの違いなどを一目で理解することができるものです。

この他に，「朝・夕焼け」や「薄明・薄暮」は非常に繊細な色合いをスクリーンに照らす照明装置として，「雪」，「雲」といった情景の再現は，スライド投映機を組み合わせた補助投映機として生み出されました。スライド投映機というのは，フィ

図 14-1　スライド投映機（左）と補助投映機の数々（右）

ルムに焼き付けた画像（スライド）を光源（ランプ）の光で離れたところに投映する装置です。このスライド投映機を用いることにより，プラネタリウム空間にいろいろな情景を描くことが可能となりました。

なお，星座の絵を映す「星座絵投映機」も仕組みはスライド投映機とよく似ており，プラネタリウム誕生後早くに作られています。

ドームスクリーンの周囲に風景を映し出せる「スカイライン（パノラマ）投映機」は，世界各地や月面など，いろいろな場所に実際に行っているかのような雰囲気を作り出す効果的な補助投映機です。日本では 1969 年に初めて登場しましたが，その後，プラネタリウムでは一般的に用いられるものとなりました。また，風景だけでなく，ドームスクリーン全面に静止画を映し出す「オールスカイ投映機」は，天井に至る空間演出を行うことのできる装置で，見る人に強い印象を与えました。

スライド投映機ではなく，映画の映写機を補助投映機として用いた例もあります。いまは，多くの映画館でも採用され，ドームスクリーン全面に高精細の映像を投映できる IMAX や，アストロビジョンなどの全天周映像装置は，通常の映画を映すものより大きな 70 mm 幅のフィルムを使った映写装置で，ス

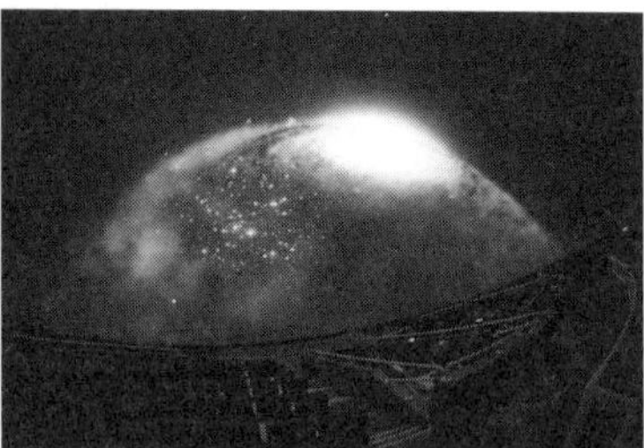

図 14-2　ドームスクリーン全面に映し出される映像
郡山市ふれあい科学館（左）と倉敷科学センター（右）の投映シーン

ペースシャトルの発射の様子や模型を使って撮影した宇宙船，あるいは，空中からヘリコプターで撮影した空撮映像など動きのある動画を，投映していました。

こうしたさまざまな補助投映機を使うことで，星空にいろいろな演出を加えることができるようになったのです。

現代では，こうした数多くの補助投映機の機能は「デジタルプラネタリウム」が可能にしています（Q18 参照）。

昔といまのプラネタリウムの違いを教えてください。

Question 15

Answerer 塚田 健

昔のプラネタリウムといまのプラネタリムで大きく違う点は3つあります。1つは「恒星球」の大きさと数です。星を映す「本体」ともいうべき恒星球が昔の投映機では2つありました（2球式)。それぞれ北半球と南半球の星を映すためのものです。この2球式には，惑星を映す機能を持つ「惑星棚」が2つの恒星球に挟まれた中央にある「カール・ツァイス型（ダンベル型)」と，両端についた「モリソン型」とがあります。

しかし，現在のプラネタリウムは，技術の進歩によって恒星球が1つのものがほとんどです（1球式)。恒星球が1つになったことで，プラネタリウムは小型化していきました。惑星の投映も，これまでの惑星棚ではなく，「惑星投映機」が別に置かれるようになりました。ともすると視界を遮りかねない投映機を小型化したことで，見る人の視界を広げることができたのです。

2つめは，プラネタリウムの制御にコンピュータが導入されたことです。昔のプラネタリウムは，歯車などの機械的な動作で恒星（日周運動，年周運動，歳差運動など）や惑星の動きを再現していましたが，いまはそのすべてをコンピュータで制御しています。そのため，それぞれの運動を再現するための機構がいらなくなり，小型化が可能となったのです。

3つめは，デジタルプラネタリウムの登場です。プロジェクターでドームいっぱいに映像を映し出すデジタル投映の登場で，地上から見た星空だけでなく，宇宙空間を自由に行き来できるような映像を映し出すことが可能になりました。また肉眼で見ることができる可視光以外で見た宇宙の姿を映し出すこともできるようになり，表現の幅が格段に増えました。いまや，デジタル式投映機のみのプラネタリウム館もあるのです。

図15-1　２球式プラネタリウムのカール・ツァイス型（ダンベル型）（左）とモリソン型（右）（提供：左・明石市立天文科学館）

図15-2　１球式プラネタリウムと惑星投映機

投映された星は，どのくらいリアルなの？ Question 16

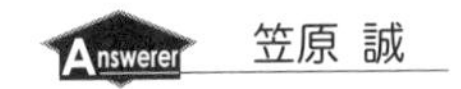

笠原 誠

実際の夜空で人の目に見える星は，約 6.5 等星程度までと言われています。プラネタリウムでは，天文学者が観測した星の位置と明るさのデータ（星表）に基づいて正確に再現して映しています。また，夜空でも色がわかるくらいに明るい星は，その色も再現して映しています。つまり，プラネタリウムで見えるひとつひとつの星は，実際の星空を正確に再現しているので，かなりリアルと言えるでしょう。

一方，目に見えない暗い星は，それらがたくさん集まることで，ぼんやりとした「光のモヤ」のように見えてきます。これが実際の夜空では「天の川」となります。これをプラネタリウムでどのように再現するかというと，古いプラネタリウムでは，ぼんやりとした光の「模様」を投映することで，天の川を再現していました。しかし，技術が進歩した最近のプラネタリウムでは，本物の天の川と同じように，実際に観測された星のデータに基づいて目には見えないほど暗い無数の星を正確に映すことによって再現しています。最新のプラネタリウムは，よりリアルな星空を再現しているのです。

ところで，現在のプラネタリウムは，実際の夜空に見える星の明るさよりも，ひとつひとつの星を何倍か明るく映して，だれもが見やすいように工夫をしています。このため，プラネタリウムでは，本当は目で見えないはずの暗い星が見えていたり，本来は，分解しては見えないはずの天の川の星々が，じっくりと観察するとひとつずつの星に分かれ見えてしまうことがあります。プラネタリウムの星は，科学的なデータに基づいて正確に作られてはいますが，私たちが夜空で見ているのは，観測さ

図 16-1　実際の夜空にかかる「天の川」

れた星の位置や明るさといったデータではなく，夜空に光る星そのものです。実際に見たことのある星空，あるいは見たい星空の「リアル」は，個々の星の科学的な正確さだけでは表現できないのかもしれません。

私たちがプラネタリウムで星空を眺めるとき，多くの場合は専門の解説者の方が，その時どきの星空を解説してくれます。解説者がイメージする星空は，街の明かりによって天の川が見えず，やっと星座を形作る星が見えるだけかもしれませんし，あるいは高原で見るような，天の川がはっきりと見える，まさに無数の星々が瞬いている星空なのかもしれません。解説者は，さまざまな工夫を凝らし，できる限りの方法で，実天に近いと思う星空を再現してくれていますから，私たちがまるで本当にその星空の下にいるように感じられる星空が映し出されることこそ，「リアル」と言うこともできそうです。

そう考えると，リアルな星空というのは無数にあって，単に科学的な正確さだけではなく，星空を取り巻く夜空の情景までも表現できなければならないのかもしれません。最新のプラネタリウムには，そのような難題に挑戦し，科学的なリアルさだけでなく，感覚的なリアルさも表現できるような新しい機能を持っているものもあります。ぜひ，いろいろな場所で本当の星空を眺め，そしてプラネタリウムの星空と比べてみてください。

ハイブリッド式って何？

Question 17

Answerer 佐藤 俊男

星を映し出すプラネタリウムのシステムには，「光学式」と「デジタル式」があります。「光学式」というのは，プラネタリウム投映機の本体から恒星や惑星をドーム内に映し出す方式です。従来からある方式で「機械式」とも言われています。ガラスの原板（Q5参照）に光を透過させて，複数のレンズから星々を投映します。昔は，その光源はハロゲンランプやキセノンランプなどの「電球」でしたが，現在では「LED光源」になっています。これによって，ランニングコストも安く，星も明るく高精細に投映することができ，耐用年数も長くなりました。

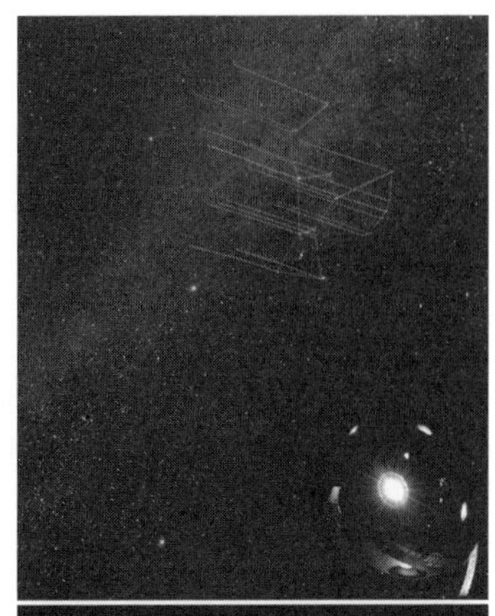

図 17-1　ハイブリッド・プラネタリウムのイメージ

一方のデジタル式は，コンピュータの映像をデジタルプロジェクターでドーム内に投映する方式です。星も含めてすべてコンピュータによる画像です。魚眼レンズを使用し，２台のプロジェクターをつなぎ合わせて全天を映像で覆います。光学式と比較すると，動画を含めた迫力ある画像など，あらゆる映像に対応でき

図 17-2　柏崎市立博物館のハイブリッド・プラネタリウム

ますが，プラネタリウムの本来かつ最大の役割である，「星の美しさ」では，光学式に比べるとデジタル式は，精度の点で劣ります。また，ランニングコストでは，電球代が高くなり，寿命も光学式の２分の１くらいとなります。

この「光学式」と「デジタル式」の利点を合わせたのが，「ハイブリッド式（ハイブリッド・プラネタリウム）」と呼ばれるものです。ハイブリッド式は，「光学式プラネタリウム機器」と「デジタル式投映機」が連動するシステムで，それぞれの特徴を活かすことで，美しい星空と多彩な映像を同時に楽しむことができる方式です。よりわかりやすい学習投映，たとえば，地球上から見える星空の解説だけでなく，恒星間飛行，銀河団飛行，宇宙空間から見る太陽系の惑星運行や日月食などの各種天文現象もわかりやすく表現できます。また，星空コンサートなど，さまざまなニーズに応えることのできる高精細なフルカラー動画映像などを同時に投映できるなど，臨場感あふれる演出を行うことが可能なシステムです。

プラタリウムに行く際に，どのシステムを採用しているのか，確認してから行くと面白いかもしれません。

デジタル式プラネタリウムは，どう進化してきましたか？

Question 18

Answerer 安藤 享平

現在では一般的になった「デジタルプラネタリウム」について見ていきましょう。

Q14で紹介したプラネタリウムの恒星を投映する機能と，補助投映機の機能が一体となったものが「デジタルプラネタリウム」です。1981年に登場した「デジスター」は，ブラウン管を使用したCRT（Cathode Ray Tube）というコンピュータ用の画面表示装置を使用したビデオプロジェクターの映像を，魚眼レンズを使ってスクリーン全面に映すものでした。簡単に言えば，「コンピュータの画面をそのままスクリーンに映し出す」ものです。コンピュータのデータを処理して恒星を映し，地球からの距離のデータを計算して，宇宙に立体的に位置している恒星が，地球から宇宙空間を移動することで，恒星の並びが星座の形から変わってゆく様子を表現することもできました。また，いまでは一般的になったコンピュータグラフィックスを元に，物体の３Ｄデータをさまざまな角度から見た様子をワイヤーフレーム映像（レイアウトを大まかに示した線画）で映すことも可能でした。

図18-1　デジタルプラネタリウム「デジスター」（出所：Evans & Sutherland）

それまでのプラネタリウム投映機は，恒星原板に開けられた孔の配列で恒星が映し出されるため，その位置を変えることができず，太陽系内から眺めた宇宙の様子に限って星空を映し出すのに対して，このデジスターの方式では宇宙空間を自在に巡ることが可能となったのです。従来からのプラネタリウム投映機を「光学式プラネタリウム」と呼び，この新たな方式を「デジタルプラネタリウム」と呼んでいます。

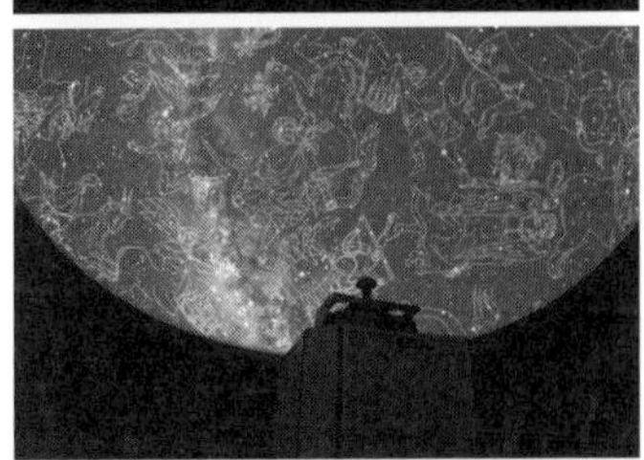

図 18-2　デジタル・プラネタリウムの投映

その後コンピュータとプロジェクターの進歩で，モノクロがカラーとなり，動画も投映できるようになりました。補助投映機のさまざまな機能とプラネタリウムのさまざまな機能を含めたデジタルプラネタリウムは，21 世紀になり完成の域に達してきました。データを自在に読み出して，あらゆる宇宙の様子が再現できるようになっています。たとえば，星空の様子だけでも次のような内容を映し出すことが可能になっています。

① 地球上（太陽系内）から見た現在の星空と運動の様子

（光学式プラネタリウムでも可能な機能）

② 固有運動による星の並びの変化の表現（前後 100 万年程度は可能）

③ 任意の等級の恒星の表示（データがある限り可能）

④ 宇宙空間に出かけ，任意の場所で見たときの恒星の位置

⑤ 星雲，星団，銀河の位置の表現や，宇宙空間における位置の再現（地上から目で見た様子のほか，位置や名称，画像の表示が可能）

⑥ さまざまな波長で見た宇宙の様子

ただ，映し出される恒星の美しさは，特に映し出すドームが大きくなるほど，まだ光学式プラネタリウムのほうに軍配が上がります。そこで現在では，光学式とデジタルを併用する形で，双方の良い面を生かす施設が多くあります（Q17 参照）。

世界初・日本初のプラネタリウムを教えてください。

Question 19

Answerer 井上 毅

世界で最初の光学式プラネタリウム

古い時代より，人びとは宇宙の模型を作ってきました。現存する最も古いプラネタリウムはオランダにあるアイジンガーのプラネタリウムです（Q1, 2 参照）。巨大な太陽系の模型の傑作ですが，今のプラネタリウムとは雰囲気が違いますね。現在の私たちが思い浮かべるプラネタリウムと言えば，丸いドームと中央にある星を映し出す装置でしょう。このような近代的なプラネタリウムは 20 世紀初めのドイツで誕生しました。

ドイツの電力事業を推進したオスカー・フォン・ミラーは，「偉大な芸術作品と同様，科学技術分野の作品も，人類の文化功績として同時代の人びとに知ってもらうと同時に後世に残すべきだ」と考えて，ドイツ博物館の建設を呼びかけました。そこにはあらゆる科学や技術の展示を行うことを構想しました。

天文学の展示については，カール・ツァイス社に依頼し，太陽系の天体の運行や，実際に地上から見る星空を展示することを希望しました。星空や宇宙を展示しようとしたのです。当時，中が空洞の球体（天球儀）の表面に小さな孔を開け，星空のように見せる装置がありました。しかし，そこに惑星の動きを組み込むということは，大変複雑で現実的に開発するは難しいものでした。

カール・ツァイス社の技術者バウアースフェルトたちは，独創的な仕組みを思いつきました。ドームの中央に天体の光を発する機械を置いて，太陽，月，惑星を映し出せば構造は簡単になるだけでなく，天体の動きも忠実に再現できるというものです。これは，まさに近代の光学式プラネタリウムのアイデアが誕生したときでした。製作するにあたり，多くの発明や工夫が行われました。1923年10月21日，プラネタリウム初号機はドイツ博物館で試験公開されました。人びとは星空の美しさや機械の仕組みに感動し，大きな拍手を送りました。その後，さらなる改良が施され，1925年5月7日にドイツ博物館で一般公開されました。人びとは「イエナの驚嘆」(注) と呼び，多くの人びとが見学に訪れました。このとき作られたプラネタリウムは「カール・ツァイスⅠ型」と呼ばれています。

図 19-1　ドイツ博物館（提供：毛利勝廣）

（注）出典「From The Aratus Globe to The ZEISS PLANETARUM」

カール・ツァイスⅠ型は，ドイツの緯度の空が投映されるのみでしたが，カール・ツァイス社は，世界各地の星空を表現することを可能とした「カール・ツァイスⅡ型」を製作しました。カール・ツァイスⅡ型は，26台製作され世界の都市に設置されました。

図 19-2　ツァイスⅠ型プラネタリウム
（提供：明石市立天文科学館）

日本最初のプラネタリウム

1937年3月13日，大阪市は大阪市立電気科学館に「カール・ツァイスII型」プラネタリウムを設置しました。電気科学館は，大阪市電気局が電気供給事業10周年の記念事業として計画した施設です。プラネタリウムは「天象館」と名付けられたホールに設置されました。ドームの直径は18m，日本で最初というだけでなく，東洋でも最初のプラネタリウムでした。

翌1938年には，東京・有楽町にある東日天文館に設置されました。残念ながら，東日天文館のカール・ツァイスII型は1945年の東京大空襲を受け焼失しましたが，東京近郊の多くの天文ファンに深い印象を残しました。大阪市立電気科学館のものは戦災を免れ，1989年まで開館していました。同機は大阪市立科学館に現在も展示中で，日本天文学会が認定する日本天文遺産になっています。

図19-3　開館当時の大阪市立電気科学館

戦後の日本では復興とともにプラネタリウムが設置されていきました。1951年には生駒山宇宙科学館に米国スピッツ製ピンホール式プラネタリウムが設置されました。

第二次世界大戦後，ドイツの東西分断に伴い，カール・ツァイス社も東西に分かれました。しばらくは製造が止まっていましたが，戦後の混乱が収まってくると，東西のカール・ツァイス社はⅡ型に改良を施したプラネタリウムを開発しました。

図 19-4　東急文化会館（天文博物館五島プラネタリウム）

西ドイツのカール・ツァイス社はカール・ツァイスⅣ型を開発しました。第 1 号機は，1957 年，東京・渋谷に，東日天文館の焼失を惜しむ人びとによって建設が推進された天文博物館五島プラネタリウムに収められました。五島プラネタリウムは，天文普及の総本山として，多くの天文愛好家を育成しました。カール・ツァイスⅣ型は 1962 年に名古屋市科学館にも設置されました。名古屋市科学館は市民からの大いに親しまれている世界トップクラスの科学館です。プラネタリウムはその礎を築きました。

東ドイツのカール・ツァイス・イエナ社はⅡ型の発展型となる UPP23 シリーズを開発しました。1960 年，明石市立天文科学館にカールツァイスイエナ UPP23/ 3 が設置されました。明石のカールツァイスイエナ UPP23/ 3 は 2023 年現在稼働中です。1995 年の阪神淡路大震災の激震にも耐え，現役ではアジア最古の投映機となっています。同社の小型タイプの ZKP- 1 は 1958 年に岐阜，1963 年に旭川に設置されました。各地のカール・ツァイス社製プラネタリウムは，それぞれの地で天文普及の先駆的な役割を果たしました。

1950年代には，カール・ツァイス社のプラネタリウムに刺激を受けて，独自の国産プラネタリウムが誕生しました。1953年，名古屋市東山天文台に，金子功が開発した金子式ピンホール式プラネタリウムの1号機が貸し出されました。1958年，千代田光学精光（現コニカミノルタ）は信岡正典を招聘し，開発したノブオカ式プラネタリウムを，甲子園阪神パークで開催された科学大博覧会に出品しました。1959年，五藤光学研究所は東京国際見本市でレンズ投映式中型プラネタリウムM-1を一般に公開しました。その他の光学機器メーカーもプラネタリウムの開発を行いました。これらの開発ラッシュは，当時，人工衛星スプートニクショックなどの宇宙ブームが沸き起こっていたことも背景にありました。

現在の国産プラネタリウムメーカーは，コニカミノルタプラネタリウム，五藤光学研究所，大平技研の3社が存在しており，いずれも高度な技術で，日本国内だけでなく世界的な実績を誇っています。

プラネタリウムの博物館や歴史館はありますか？

Question 20

Answerer 安藤 享平

プラネタリウムの投映機をたくさん並べて，その歴史などを紹介する専門の施設は，残念ながら日本にはありません。(注1)

しかし，いまのところ施設としての公開はされていませんが，海外には小型から中型のプラネタリウム投映機や過去の写真などを収集しているコレクターがいて，「Planetarium Projector and Science Museum（プラネタリウム投映機と科学の博物館）」として，ウェブサイト上で収集された投映機の写真やプラネタリウムの歴史上貴重な写真が紹介されています。今後は施設として公開することも目標としているようです。(注2)

プラネタリウムのある施設では，かつて使用していた投映機を展示しているところが数多くあります。たとえば，世界初のプラネタリウム投映機「カール・ツァイスⅠ型」はドイツ博物館に展示されています。また，日本で初めてのプラネタリウム投映機「カール・ツァイスⅡ型」は大阪市立科学館に展示され，大阪市指定文化財となっており，2023年には日本天文学会により日本天文遺産にも認定されました。身近にあるプラネタリウム施設に，かつてのプラネタリウム投映機が展示されていれば，ドーム内で実際に投映されているプラネタリウムと見比べることで，歴史を知るきっかけになることでしょう。

図 20-1　大阪市立科学館

ただし，展示されたプラネタリウム投映機

の多くは静態保存で，機器が動作したり，ランプが点灯したりすることはありません。動態保存されているところもありますが，非常に複雑な配線の再現や大きなコンソール（操作卓）を移設することが難しいため，すべての機能ではなく日周運動のモーターなど一部のみが動作するケースが多いようです。

図 20-2　明石市立天文科学館のカール・ツァイス・イエナ製 Universal23/3 型（1960 年～）（提供：安藤享平）

投映機の仕組みや歴史を知ることができるように，詳しく展示されているところもあります。名古屋市科学館には，天井に「アイジンガーのプラネタリウム（オーラリー）」が再現され，またかつて使用していた西ドイツのカール・ツァイス社Ⅳ型プラネタリウム投映機が完全に動く状態で展示されています。そして，ピンホール方式を採用した「金子式ジュピター型プラネタリウム投映機」や，コンピュータの画面をスクリーンに映し出すデ

図 20-3　名古屋市科学館「天文館」のプラネタリウムの歴史展示（提供：毛利勝廣）

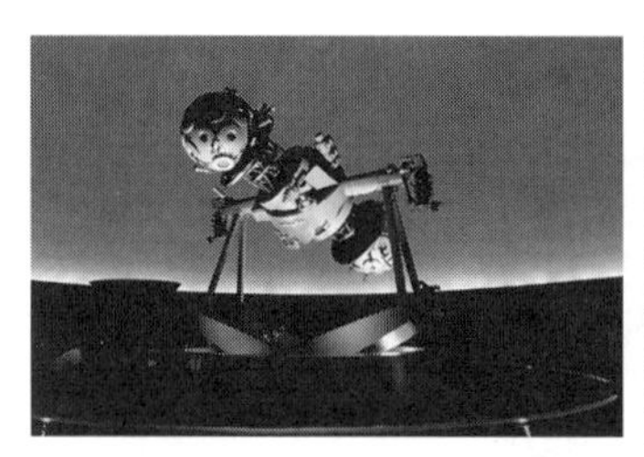

図 20-4　広島市こども文化科学館のコニカミノルタプラネタリウム（当時はミノルタカメラ）製「MS-20AT」（1980 年〜）（左）と郡山市ふれあい科学館の五藤光学研究所製「スーパーヘリオス」（2001 年〜）（右）（提供：安藤享平）

ジタル方式の「デジスターⅡ」も同じ展示室内にあります。ドーム内にあり現在観覧することのできるプラネタリウムと併せて，幅広くその進展を知ることができるようになっています。

全国に目を向けると，さまざまなプラネタリウム投映機に出会うことができます。現在稼働している，日本で最も古いプラネタリウム投映機は，明石市立天文科学館のカール・ツァイス・イエナ社製の「カールツァイスイエナ UPP 23/3」で，1960 年から使用しています。つまり各地のプラネタリウムを巡ることで，60 年ほどの歴史を実際の投映を見ながら知ることにもなるのです。映し出される星像にも違いがありますし，プラネタリウム投映機などの機械に注目すると，形状はもちろん，機能やコンソール（操作卓）の様子など，さまざまな視点からプラネタリウムの歴史を知ることができます。プラネタリウムの投映後に，その施設の投映機の特徴などを聞いてみるのもおすすめです。きっと投映機の良い点も欠点も熟知している解説者が熱弁を振るってくれることでしょう。

2023 年は，プラネタリウムが誕生して 100 年になります。2025 年まで繰り広げられる「プラネタリウム 100 周年」の期間中は，日本はもちろん世界でさまざまなイベントが行われます。それに合わせて，改めてその歴史を紹介する取組みも行われることでしょう。プラネタリウム施設での企画展などを通して，よりプラネタリウムの歴史を詳しく知るチャンスが増えてくると思います。

プラネタリウム投映機の姿は，人びとのプラネタリウムの記憶を呼び起こさせてくれるものでもあります。学校で，友人と，家族と，いろいろな人生の場面でプラネタリウムの星空を見上げた思い出を振り返ることのできる，その地域の貴重な歴史資料でもあると言えます。その地域で，これまでの投映機を大切に保存していただければ，プラネタリウムの歴史を後世に伝えることのできる，大事な資料になることでしょう。

（注１）日本には「天体望遠鏡博物館」が香川県さぬき市にあり，歴史的価値のある望遠鏡などが，大型・小型含め数多く収集され，実際に観望できるものも多くある。

（注２）ウェブサイト：https://www.planetariummuseum.org
映画「ラ・ラ・ランド（2016年・アメリカ」の撮影にも，プラネタリウム投映機が貸し出されている。

Section 3 プラネタリウムをつくる

プラネタリウムを作っている会社っていくつあるの？

Question 21

Answerer 明井英太郎

世界で初めてプラネタリウムを作ったのは，ドイツの企業「カール・ツァイス社」で，最初のプラネタリウムは1923年に誕生しました。この時のプラネタリウムの定義は，『投映機から発した光をドーム状のスクリーンに星や太陽，月，惑星を投映するとともに，その運動を再現する設備あるいは施設』とされていました。

このカール・ツァイス社が製造したプラネタリウムに多くの科学者や技術者が刺激を受けました。日本でも多くの人がプラネタリウムを自分で作ろうと工夫し，1950年代にはピンホール式のプラネタリウムが誕生したのです。これは，球状もしくは多角形の恒星球に，投映する恒星の等級に応じた孔を開け，その孔を通して電球のフィラメントが星として投映されるものでした。当時，このピンホール式プラネタリウムを５つの会社や個人が製造していたとの記録がありこの時代としては，すばらしい発明だったと言えるでしょう。しかし，ピンホール式は星像が綺麗でなかったり，大型のドームに適していなかったりしたことから次第に見られなくなり，レンズを用いた光学式（レンズ式）プラネタリウムに移行していきました。日本で初めて全球に星空を投映することができる光学式のプラネタリウムを作ったのは株式会社五藤光学研究所（1959年，M-1型）です。その後，光学式（レンズ式）プラネタリウムを製造する会社は世界で４社が存在していましたが，現在では５社となっています。

時代が進むにつれて，コンピュータが生成した画像データをビデオプロジェクターで投映する「デジタル式プラネタリウム」が開発されました。デジタル式プラネタリウムは，前で述べた光学式プラネタリウムに対して，恒星の輝き方や美しさは遠く及ばないものの，コンピュータグラフィックスの映像をビデオプロジェクターで映し出すため，恒星の固有運動や視点移動も表現可能で，まるで宇宙空間を移動しているかのような演出をすることができるのが特徴です。こうしたデジタル式プラネタリウムを製作する会社は世界中で約 10 社（光学式プラネタリウムを製造する会社を含む）が知られています。最近では，パソコンのモニターや天

図 21-1　光学式プラネタリウムの組立

図 21-2　プラネタリウムのドーム建設工事の様子

表 21-1　現存する主なプラネタリウムメーカー

国　名	企　業　名
日　本	株式会社五藤光学研究所
	コニカミノルタプラネタリウム株式会社
	有限会社大平技研
	株式会社アストロアーツ
アメリカ	Evans & Sutherland
	Spitz, Inc.
	Sky-Skan, Inc.
	Digitalis Education Solutions, Inc.
ドイツ	Carl Zeiss Jena GmbH
フランス	RSA Cosmos
中　国	成都金都超星天文设备有限公司

井に星の映像を投映しているものもプラネタリウムと呼んだりしていますが，初期の定義を踏まえれば，『ドーム状のスクリーンに星や太陽，月，惑星を投映し，その運動を再現することができるもの』のみをプラネタリウムと呼ぶべきでしょう。

星の座標データは簡単に手に入れることができるため，コンピュータとビデオプロジェクターさえあれば，だれでもデジタルプラネタリウムを作ることができます。しかし，会社として存続するためには，安定して製品を供給し，納入後にはメンテナンスや部品交換を行う必要がありますので，プラネタリウムを「作る」ことができる会社はたくさんあっても，将来に向けて「作り続ける」ことができる会社は多くないのかもしれません。

プラネタリウムを作るのにどのくらいの期間がかかるの？

Question 22

Answerer 明井英太郎

プラネタリウムを作るのに必要とする期間（日数）には２つの考え方があります。

ひとつは，プラネタリウム本体や操作卓などの機械を作るための期間です。

プラネタリウム本体や操作卓を工場で組み立てるためには，レンズや電子部品などを製作・調達する必要があります。ほとんどのプラネタリウムは，受注生産品（オーダーメード）ですので，設置される施設のドーム径や納入施設の仕様が決まってから作り始めます。受注した後に各部の詳細な設計を行ったり，部品を調達したりしますので，製造には１年近い期間が必要となります。また，工場を出荷後，現地でプラネタリウムを組み上げ，機能・性能が十分に発揮されるように調整を行う作業が必要で，この作業に２か月ほどかかります。

もうひとつは，プラネタリウム本体が設置され，皆さんが投映を見ることのできる建物（プラネタリウム施設）を作るための期間です。建物の場合には，基本設計，実施設計を経て，建物の建築や電気，空調設備の工事が行われます。2008 年に開館した仙台市天文台の場合には，工事を開始してから，敷地の地面を掘削し，１階，２階，３階のコンクリートを打設し，ドームスクリーン工事や内装仕上げを行った後，プラネタリウム機器の最終調整を行いました。ここまで着工から約１年半の歳月がかかっています。もちろん，施設の建築工事に先立ち，建設場所（土地）決定の計画段階を含めると，完成まで５年以上もの月日が必要になる場合もあります。

図 22-1　仙台市天文台の建設工事の様子と完成した施設

プラネタリウムは自分で作ることができますか？

Question 23

Answerer 多胡 孝一

もちろん，作ることができます。ただ，複数のお客さんを入れて投映することができる一般的なプラネタリウムのように，恒星の動きだけでなく，星空の中での太陽や惑星や月の動きを正確に再現できるような，本格的なプラネタリウムはとても難しいです。さすがにそれは，高度な知識や技術が求められ，作るためには相当の努力が必要となります。しかし，星空や星座を楽しむための「星空投映機」と考えれば，意外と簡単に作ることができます。

プラネタリウム投映機にも，星の投映方法によって，いくつかのタイプがあります。そのなかでも「ピンホール式」と呼ばれるものは，手軽に作ることができます。

作り方を簡単に説明しますと，

① 黒い画用紙など不透明な薄い紙を用意する。

② 図鑑や星座早見表（最近では 100 円ショップでも売っています）などを見ながら，紙に星の位置を書き写す。

③ 書き写した星座の星並び通りに孔を開ける。

④ 後ろからライトで照らす。

という感じです。

単純な仕組みですが，孔を通ったライトの光が，白い壁などに映し出されれば成功です。明るい星はより大きな孔，暗い星は少し小さな孔にすると，明るさの差を作り出すこともできます。また，孔を開けた画用紙とライトとの距離や壁との距離を調節して一番くっきりと見える良い位置を見つけるといいでしょう。最初は，有名な星座の星並びのみを描いて試してみるのもいいと思います。そしてより正確な位置関係で，より多く

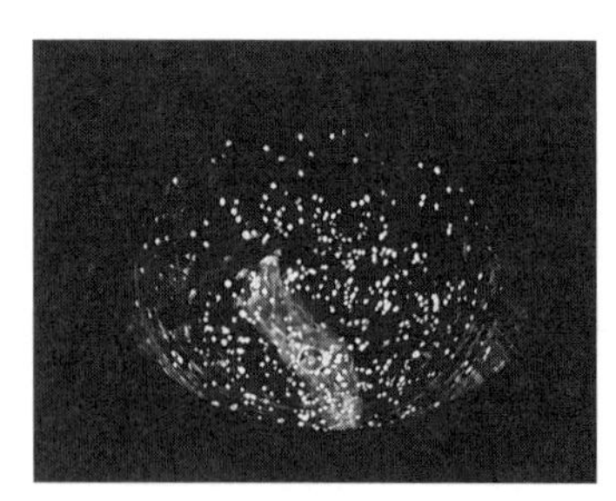

図 23-1　手作りプラネタリウム

の星の孔を開けることができれば，本当の星空に近づけることができます。やっているうちに，よりくっきりとした星や満天の星にするために，ライト（光源）を変えたり，画用紙ではない素材にしたり，孔の開け方を工夫したり，いろいろと改良したくなってくると思います。

手作りのプラネタリウムを作った人たちのなかには，「レンズ式（光学式）」と呼ばれる業務用と同じ仕組みの投映機を自作した方もいます。最近では，プロジェクターと魚眼レンズを組み合わせて「デジタル式」を自作する方もいます。インターネットで検索すると，多くの「手作りプラネタリウム」の情報が入手できます。自分なりに試行錯誤をして，オリジナルのプラネタリウム投映機を作ってみてはいかがでしょうか。

なお，すべて自作というわけにはいきませんが，㈱学研が発売している「大人の科学マガジン」のシリーズのなかに，「ピンホール式プラネタリウム」があり，大変好評のようです。そのほかにもプラネタリウム工作キットなどもいろいろ販売されており，なかには 100 円ショップで手に入れられるものもありますので，手始めにはいいかもしれませんね。

プラネタリウムはどんな施設のなかにありますか？

Question 24

Answerer 明井英太郎

1937 年，大阪市立電気科学館に日本で初めてのプラネタリウムが誕生しました。翌年の 1938 年には有楽町の東日天文館にも施設が完成しました。戦争を経た後，1957 年に東京・渋谷に天文博物館五島プラネタリウムが，1962 年には名古屋市科学館などが誕生しました。それ以降，国内製のプラネタリウム（投映機）が誕生したこともあり，次第にその数が増えていきます。昭和 30 年代には，遊園地などへの設置が見られたことから，観覧車やジェットコースターのように，集客効果のあるアトラクションのひとつのように考えられていたのかもしれません。昭和 40 年以降は地方公共団体（自治体）が設置する公共施設での採用が増え，1979 年の国際児童年の頃には，児童館や児童センターに設置されたり，1985 年のつくば万博以降にはプラネタリウムを有する科学館の建設が増えています。

日本プラネタリウム協議会（JPA）が発行している『プラネタリウムデータブック 2015』によれば，一般公開されているプラネタリウム施設へのアンケートで回答があった 176 館の施設のうち，博物館・科学館が 70 館，天文台等が 12 館，学校・教育センター等が 10 館，児童館・児童センター等が 16 館，公民館・文化会館・図書館等が 46 館，自然の家等が 11 館，道の駅や商業施設等が 5 館，その他が 6 館となっているように，民間の施設を除き，プラネタリウムだけで存在している施設はほとんど無く，展示機能の一部であったり，図書館や博物館のなかに併設されている場合がほとんどです。

同じアンケート調査では，プラネタリウム施設の設置目的についての設問もあります。「科学・天文学の普及」が 148 館と

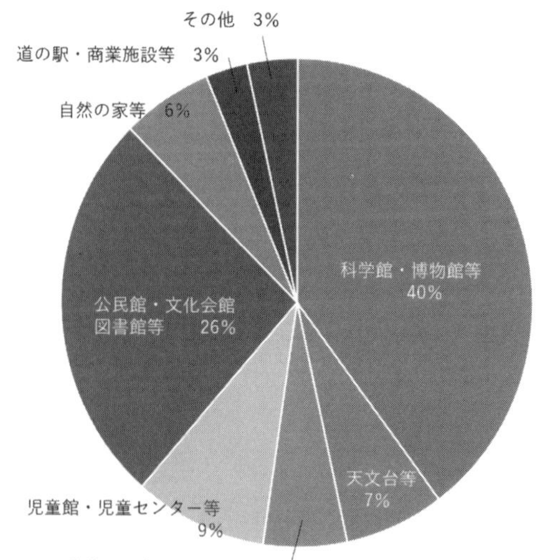

図 24-1　プラネタリウムを持つ施設の種別
（出所：プラネタリウムデータブック 2015）

最も多く，それに続いて「学校教育の補助」を挙げた施設が120 館となっています。日本のプラネタリウム施設のほとんどが公共自治体で作られ，維持・運営されています。娯楽や収益を目的とはせず，公共サービスの一部（教育）を担っていることがわかります。

その他の施設として，愛媛県の久万高原町のプラネタリウムは，「星天城」というお城の中にあります。また，東京都葛飾区にあるプラネタリウム「プラネターリアム銀河座」は「證願寺」というお寺のなかに設置されています。

また，羽田空港には，「PLANETARIUM Starry Café」という，カフェや食事を楽しみながら満天の星空を眺めることができるプラネタリウム施設があります。

この他にも，JR 東日本が運行する「SL 銀河」の「プラネタ

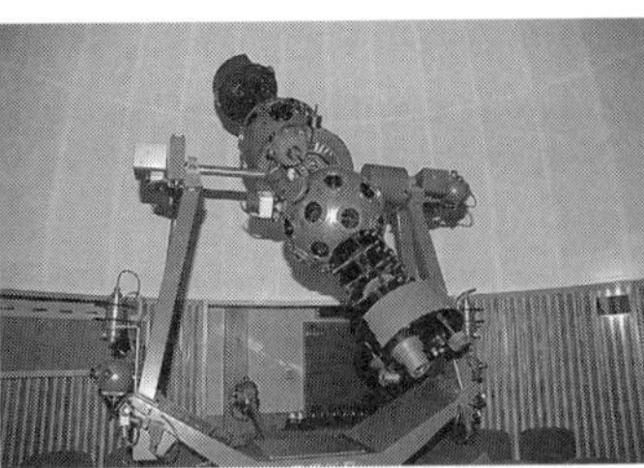

図 24-2　久万高原天体観測館の「星天城」のなかにあるプラネタリウム（提供：久万高原天体観測館）

図 24-3　「プラネターリアム銀河座」がある「證願寺」（左）と羽田空港内の「PLANETARIUM Starry Café」（右）

図 24-4　JR 東日本の「SL 銀河」とプラネタリウム車両（提供：東日本旅客鉄道）

リウム車両」があります。列車に乗りながら，プラネタリウムを体感できるというものですが，残念ながら 2023 年 6 月で運行終了となってしまいました。

一方，海外では，プラネタリウムが単独の施設として成り立っている場合が数多くあります。扱っている内容は天文学であり，科学ですので，科学館や博物館のひとつとして，地域で利用されているのでしょう。施設名には著名な科学者や天文学者，あるいは施設に多額の寄付をした人の名前が付けられている場合が多いようです。

プラネタリウム施設の「形」について教えてください。

Question 25

Answerer 明井英太郎

プラネタリウム施設というと，丸い形状の建物を想像する方が多いと思います。プラネタリウムは「ドームスクリーン」と呼ばれる丸天井に覆われていますので，そのドームスクリーンの外側が建物の屋根（外屋根）になっていると考える人が多いのかもしれません。昔，東京の渋谷駅前にあった五島プラネタリウムではドームスクリーンのすぐ上が建物の外屋根であったため，雨が屋根を叩く音が解説中に響いてしまい，解説者の方が「皆さん，雨が降ってきたようですよ，お帰りの際はお気をつけて！」などと話をする場面もありました。

しかし，最近のプラネタリウム施設では，こうした外部からの音（雨や雷，騒音など）を遮断することや，プラネタリウム用のスピーカーの設置，冷暖房を行うための空調ダクト，火災を予防するための防災設備などを設置するために，ドームスクリーン裏には一定の空間が確保されています。したがって，ドームスクリーンの外側がすぐに屋根になっているわけではありません。ドームスクリーンと建物は別の構造になっていることがほとんどで，建物の形状は必ずしも丸くはありません。

一方，外から見た時，プラネタリウム施設であることがわかりやすいように，丸を強調して建物の設計を行うことも多く，丸型やプリン型，球体が建物に挟まっているような球型など，シンボリックな形状の建物も登場しています。全国のプラネタリウム施設を訪れる際，星や映像を楽しむだけでなく，その建物の形状や色などを見てみるのも面白いかもしれません。

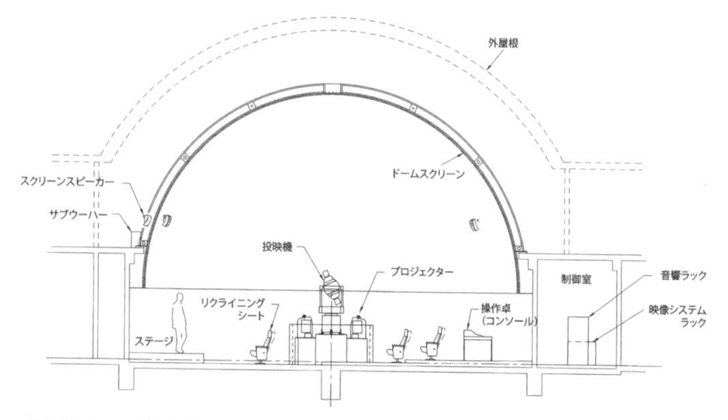

図 25-1　水平型プラネタリウム

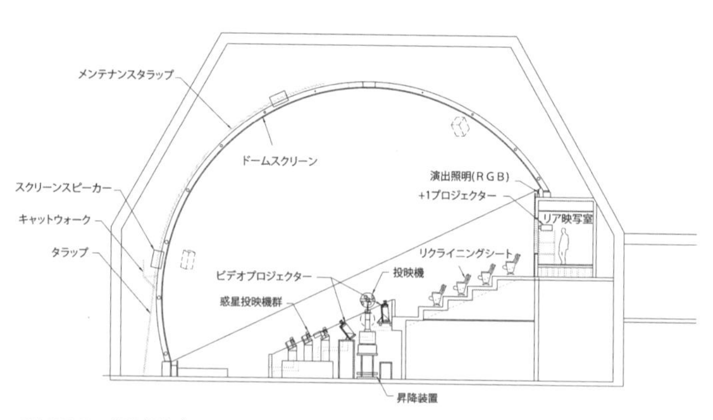

図 25-2　傾斜型プラネタリウム

①ドーム型形状

プラネタリウム施設で最もオーソドックスな形状。外壁はカラーステンレス，銅葺き，チタン，コンクリートなどさまざまな素材が用いられている。1階に建設する場合が多いが，建物の最上階に設置する場合も見られる。

さいたま市
青少年宇宙科学館

愛媛県総合科学博物館

さぬきこどもの国

図 25-3　ドーム型形状のプラネタリウム施設

②円筒（プリン型）形状

球型に比べて建築費用を抑えることができ，かつシンボリックな形状。前橋では，ドーム外周にらせん状のスロープを配置し，上階への導線として用いている。プラネタリウム上部を展示室としている場合もある。

仙台市天文台

前橋市
児童文化センター

鹿児島市立科学館

図 25-4　円筒（プリン型）形状のプラネタリウム施設

③箱型形状

建物のなかにプラネタリウム（ドームスクリーン）が内包されている。外部からの視認性は無いが建築費用は最も安価。ドーム上部を円錐で覆っていたり，お城の形状をしたもの（久万高原町）などの変わった例もある。

富山市科学博物館

札幌市青少年科学館

久万高原天体観測館
（提供：久万高原天体観測館）

図 25-5　箱型形状のプラネタリウム施設

④球型形状

最もシンボリックで，かつ，ランドマークになる場合が多い。球形が外部に出る場合と，建物内に設置される場合がある。

名古屋市科学館
（提供：名古屋市科学館）

藤沢市
湘南台文化センター

郡山市
ふれあい科学館

図 25-6　球型形状のプラネタリウム施設

ドームスクリーンに小さな孔が開いているのはなぜですか？

Question 26

Answerer　佐藤 俊男

プラネタリウムの天井は，星や迫力ある映像が映し出されるように半球状の「ドームスクリーン」になっています。規模の小さなドームから直径 35 mにもなる世界最大のドームまで，さまざまな大きさのドームがあります。このドームスクリーンは，大きく分けると，座席の配置がフラットになっている「水平型」と，座席が階段状に並んでドームスクリーンが傾斜している「傾斜型」の２種類があります。ちなみに，このスクリーンはアルミニウムで作られています。アルミニウムは，加工がしやすく，耐久性にも優れ，多くの星を美しく投映できるのです。正式には「アルミパンチングスクリーン」と言います。

近年のプラネタリウムでは，音響システムにもこだわっていて，映画館並みの立体感のある音質になっています。星を映し出すドームスクリーンの表面をよく見てみると，細かな小さな

図 26-1　よく見ると小さな孔が開いているドームスクリーン（柏崎市立博物館）

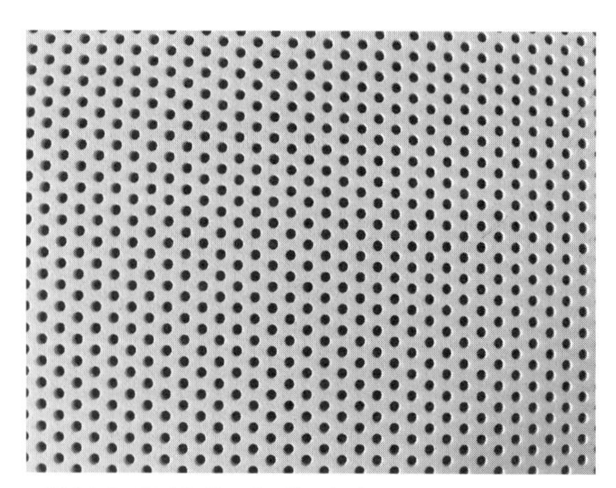

図 26-2　アルミパンチングスクリーン

孔が開いているのに気がつくと思います。音楽ホールや映画館などでは，壁面や天井などにスピーカーが設置されていますが，プラネタリウムのドームは全面が映像を映すためのスクリーンになっているので，ドーム内にスピーカーを設置する場所がありません。そのため，スピーカーはドームのバックヤード（スクリーンの裏側）に設置されます。ただ，このままだとドーム内には美しい音が伝わらないので，スクリーンに小さな孔を開けることで，客席に音がしっかりと届くようにしているのです。また，このスクリーンの孔には音の反射を抑える効果もあります。そのほか，室内の光の乱射を抑え，星を美しく，クリアに投映する効果もあるのです。

ドームスクリーンの裏側ってどうなっているの？

Question 27

Answerer 明井英太郎

ドームスクリーンの表面は孔の開いた金属（アルミニウム）の板でできています。では，裏側はどのようになっているのでしょうか。

プラネタリウムへ行き，ドームスクリーンに近づいて見ると1枚のように見えるスクリーンが，実は複数の板を貼り合わせてできていることがわかります。方式によっても異なりますが，おおむね，1枚のアルミニウムの板が50cm×2m弱で，直径12mのプラネタリウムの場合，全部で300枚から400枚の板が貼り合わされています。これらの板を貼るために，スクリーンの裏には下地となる金物が縦横無尽に張り巡らされ，スクリーンを貼る前の状態はまるで檻の中にいるかのようです。

この下地の元になるのが下地鉄骨です。下地鉄骨は公園のジャングルジムを球体にしたような形状をしています。スク

図27-1　ドームスクリーンのアルミパネルの孔

リーンを貼る下地金物は，この下地鉄骨を基準として設置しますので，下地鉄骨はドーム径の大きさに合わせて高い精度で組まれています。また，この下地鉄骨の間には，複数台の音響用スピーカーが配置されます。スピーカーは最低でも2台，多い場合には数十台も配置されます。投映する際には，ドーム空間に解説者の音声だけでなく，BGMや映像の効果音なども流すので，複数のスピーカーが必要になるのです。

その他，スクリーンの裏側には，火事になった場合のための煙感知器や，室内の空調ダクト，電気配線なども施されています。こうしたスクリーン裏にある設備は，プラネタリウムで星

図27-2　ドームスクリーンの下地鉄骨

図 27-3　ドームスクリーン（提供：板橋区立教育科学館）

を投映した際，スクリーンの孔を通して光ってしまわないように黒色に塗装される場合が多いようです。

プラネタリウムが初めてできた当時は，スクリーンのすぐ裏に建物の外屋根が設けられていたため，雨音や外部の音がプラネタリウムに聞こえてしまうことがありましたが，現在では，改善され，そのようなことはありません。

ドームスクリーンと映画館のスクリーンは違うの？

Question 28

Answerer 明井英太郎

いろいろな点で違いがあります。一番の違いは形状が「丸い」か「四角い」かですが，それだけではなく，使われている素材も異なっています。

プラネタリウムのドームスクリーンは，映像を投映する目的のほかに，星空や太陽，月，惑星などが映し出されたときに，それらが滑らかに運動（移動）して行かなければなりません。もし，星が運動（移動）する途中に，揺れ動いたり，波打った動きを示したりしたら，観客の皆さんはとても驚いてしまうことでしょう。映画館のスクリーンは布地が使われることが多いのですが，プラネタリウムではアルミの板が用いられているのはそのためです。このスクリーンは，ドームの大きさに合わせて加工した支え（下地）に合わせて取り付けられています。布地と違って重みや湿気等により垂れ下がってしまうことがありません。

このアルミの板には小さな孔が開いています。これはドームスクリーンで音が反響しないよう，音がスクリーンの後ろに抜けるように工夫されたものですが，実は映画館のスクリーンにも同じ理由で小さな孔が開いています。しかし，すべての音が孔から抜けるわけではありません。ドームスクリーンは丸いため，パラボラアンテナのような仕組みで，右の隅で話した声が反射して反対側の左の隅に聞こえてしまいます。たとえ小さなヒソヒソ話であっても気を付けましょう。

色についても映画館とプラネタリウムでは少し異なります。皆さんはどちらも純白と思っているかもしれませんが実はそうではありません。投映面が白すぎるとプロジェクターなどで投

図 28-1　ドームスクリーン

図 28-2　ドームスクリーンの骨格（左）とスクリーンの貼り付け作業（右）

映した映像が反射してプラネタリウム室内で拡散し，スクリーン全体が白くモヤがかかったようになってしまうのです。そうならないように，スクリーンの色は純白ではなく，反射率を抑えるために，少しグレーっぽい色にしています。また，反射特性も，映画館のスクリーンは，なるべくすべての映像が観客にまっすぐ反射するよう指向性を強くする傾向にあるのに対して，ドームスクリーンは映像が拡散するような特性を持っています。そうしないと観客の皆さんが見ている中央部だけ映像が明るくなってしまうのです。

このようにドームスクリーンと映画館のスクリーンは違うところがいろいろありますので，今度，プラネタリウムを訪れたらスクリーンにも注目してみてはいかがでしょうか。

ドームのスピーカーは何個使っているの？

Question 29

明井英太郎

皆さんは日頃，音をどのような形で聞いていますか。音楽であれば，ヘッドホンやイヤホンで，テレビであればスピーカーから音声を聴いていることと思います。

音楽を立体的に聞くためには，右と左で違う音を出力し２つのスピーカーから音を出す方式（ステレオ再生）が用いられています。それに加えて，迫力ある重低音を届けるためのサブウーハーを正面に置く場合があり，これを 2.1ch と呼びます。さらに，左右２つのスピーカーに加え，前方正面，後方左右に合計５台のスピーカーを配置し，2.1ch 同様に低音を強化するためにサブウーハーを置いた 5.1ch 方式や，後ろに２台のスピーカーを追加した 7.1ch 方式が知られています。

ご家庭でテレビを見る際には，映像は正面のテレビにしかありません。しかし，プラネタリウムでは，観客の正面だけでなく上下左右にスクリーンが広がっています。そこで，5.1ch や 7.1ch のスピーカー配列に加えて天井部分（ドームスクリーンの一番上）にトップスピーカーを追加し，なるべくプラネタリウム全体が音で満たされるように工夫がされています。各スピーカーも出力音圧レベルが高い製品が採用され，大きなプラネタリウム空間のすみずみまで，星空解説などの声や BGM，迫力あるロケットの打ち上げ音などを届けています。また，出力を確保するために，同じ場所に複数のスピーカーを置く場合もあります。最近の施設では，おおむね６台から９台を，多い施設では 15 台以上ものスピーカーが使われています。

福井県にある福井市自然史博物館分館では，川のせせらぎや，秋の虫の音などの効果音を客席の足元に届けるために，座席下

図 29-1 「息をのむ臨場感」を創り出す音響システム
（セーレンプラネット（福井市自然史博物館分館））

図 29-2 スピーカーの鳴っている様子を視覚化したもの
（倉敷科学センター）

に 44 台のミニスピーカーを設置しています。また，名古屋市科学館では 76 台のスピーカーを設置しています。

プラネタリウムの座席は特別注文なの？

Question 30

明井英太郎

プラネタリウム室内の座席はどのように配置されているかご存じでしょうか。初期のプラネタリウムは，すべての座席が真ん中のプラネタリウム本体に向かって配置された「同心円配列」（**図 30–2 左**）と呼ばれる配置でしたが，最近は「一方向配列」（**図 30–2 右**）といって，すべての座席が正面（一般的にはプラネタリウムの投映する際の南）を向いて配置されています。これは，解説者が星空解説を行う際に，「皆さんの右上を見てください」と説明しても，同心円配列では半分の方が逆向きになり，星空案内や学校利用に差しさわりがあることが理由です。また最近ではプラネタリウムで講演会や星空コンサートなどが行われることも増えたため，すべての座席が正面を向いている方がイベントを行いやすいことも挙げられます。

こうした異なる座席配列であっても，プラネタリウムは星空を見上げる施設ですから，その座席には「上を見る」という一般の座席には無い特徴があります。座席の背中の部分を後ろに倒すリクライニング機構は，列車や車の座席，キャンプなどで使うアウトドア用の椅子にも備わっていますが，プラネタリウムでは暗闇で観覧するため，リクライニングした背が自動的に元に戻るような仕組みが備わっています。座席がリクライニングしたままだと

図 30-1　同心円配列（提供：名古屋市科学館）

投映の途中でアクシデントなどがあった場合，座席の間を安全に通行することができなくなるからです。このリクライニングする角度にも工夫がされていて，観客の皆さんが星空を眺める際，ちょうど良い角度で眺めることができるよう，プラネタリウム室の前の方は角度が深く，後ろの方は浅くなるように設計されています（一部の傾斜型プラネタリウムでは座席のリクライニング機構が無く，あらかじめ決まった角度に背を傾けて固定している施設もあります）。ユニークなのは名古屋市科学館です。こちらは直径 35 m という大きなスクリーンであり，プラネタリウム空間がとても広いので，リクライニングするだけでなく，ひとつひとつの座席が，ある範囲内で回転することができるようになっています。配列も昔ながらの同心円配列で，隣り合う人と脚がぶつからないよう座席の間隔が広くなるよう考えられています。

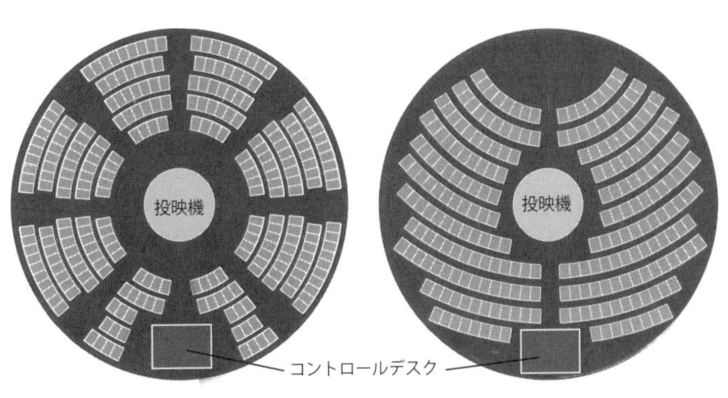

図 30-2　同心円配列（左）と一方向配列（右）

図 30-3　同心円配列（前橋市児童文化センター，上）と
一方向配列（熊本市立熊本博物館，下）

これらのプラネタリウム用の座席は，学校や体育館，競技場や野球場，文化ホールなどの座席も取り扱う専門の会社が製作していますので，プラネタリウムの座席だけを特別にあつらえているわけではありません。しかし，プラネタリウム施設に設置する際には，座席の色や布地を工夫し，配置に基づいてリクライニング角度を計算して設置しているので，各施設ごとに特別にあつらえていると言えるのかもしれません。

Section 4 世界のプラネタリウムと投映内容

プラネタリウムは，世界にどのくらいありますか？

Question 31

Answerer 塚田 健

世界中に多くのプラネタリウム施設がありますが，実は日本は世界でもトップクラスの「プラネタリウム大国」です。

世界で最もプラネタリウムが多い国はアメリカ合衆国の約1,400館ですが，日本はそれに次ぐ世界2位の約400館があります（2014年現在）。また，日本には大型のプラネタリウム館が多いことが特徴です。世界最大のドーム径を誇る名古屋市科学館をはじめ，愛媛県総合科学博物館，北九州市科学館，多摩六都科学館など，世界のプラネタリウムの大きさベスト10のうち9つ（同列を含む）が日本にあります。また，15 m以上のドーム径を持つプラネタリウムに限れば，その数は世界一なのです。

ちなみに，都道府県別に見ると，最もプラネタリウムが多いのは，埼玉県で24館（学校にあるものも含む）になります。一方，高知県や佐賀県のように1，2館しかない県もあり，地域差が非常に大きいと言えるでしょう。

日本にこれほどプラネタリウムが多い理由は，小学校の指導内容に天文学が含まれていることが第一に挙げられます。また，残念ながら多くの都市で星が見にくくなってしまっていることや，現在は世界に4社しかない光学式プラネタリウムメーカーのうち3社が日

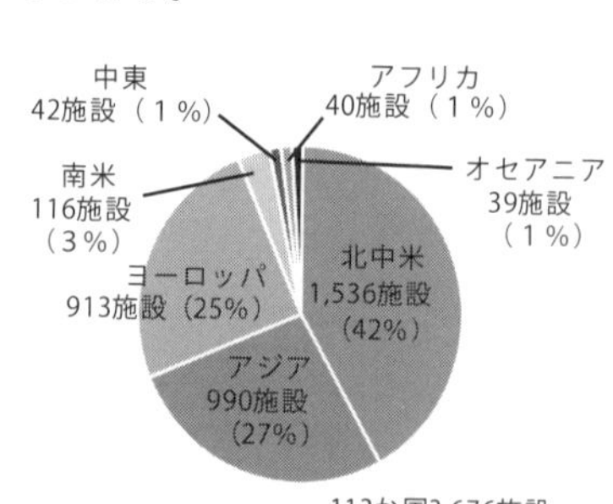

図 31-1 世界のプラネタリウムの分布
（出所：国際プラネタリウム協会資料集 Directory 2016）

図 31-2　名古屋市科学館（左）と愛媛県総合科学博物館（右）

図 31-3　埼玉県の加須未来館（左）と佐賀県立宇宙科学館（右）

本にあることなどが挙げられるでしょう。

なお，世界的にどの国にどれくらいのプラネタリウムがあるかは調査しきれていませんが，国際プラネタリウム協会（IPS）に加盟しているプラネタリウム館だけで言うと，113の国と地域にプラネタリウムがあるようです。

表 31-1　国別プラネタリウム設置数

順　位	国　名	施設数
第1位	アメリカ合衆国	1440
第2位	日　本	392
第3位	中華人民共和国	345
第4位	フランス	166
第5位	イタリア	145
第6位	ド イ ツ	108
第7位	ロ シ ア	105
第8位	イギリス	81
第9位	台　湾	73
第10位	韓　国	67

（出所：国際プラネタリウム協会資料集 Directory 2016）

有名なプラネタリウムを教えてください。

Question 32

Answerer 塚田 健

ここでは，話題性のあるプラネタリウムを紹介します。

世界のプラネタリウムで言えば，まず挙げられるのは，ドイツはミュンヘンにあるドイツ博物館でしょう。この博物館の創立者がカール・ツァイス社に製作を依頼したのが世界で初めてのプラネタリウム「カール・ツァイスⅠ型」で，同館に保存されています。アメリカであれば，西半球に現存する最古のプラネタリウムがあるアドラー・プラネタリウム（シカゴ）やアメリカ自然史博物館のヘイデン・プラネタリウム（ニューヨーク）が著名です。また，日本以外のアジアでは，中国の北京天文館でしょうか。２つのドームシアターを持つ，中国で最も大きなプラネタリウムです。また，エストニアのAHHAAサイエンスセンター（タルトゥ）のプラネタリウムは，床の一部が強化ガラスになっていて，光学式としては，世界初の全球プラネタリウムとして知られています。

図 32-1　アメリカのヘイデン・プラネタリウム（提供：Mark Webb）

図 32-2　エストニアの AHHAA サイエンスセンター
（出所：Google）

日本に目を移すと，有名どころとして名前が挙がるのが名古屋市科学館のプラネタリウムでしょう。直径 35 m のドームスクリーンを持つ世界最大のプラネタリウムで，ギネス記録を持っています。ギネス記録で言えば，最も多くの星を映すことができる投映機を持つ多摩六都科学館や四日市市立博物館，はまぎんこども宇宙科学館のプラネタリウム，地上から最も高いところにある郡山市ふれあい科学館のプラネタリウムもよく知られています。さらに日本で忘れてはならないのが明石市立天文科学館と大阪市立科学館ではないでしょうか。前者は日本で稼働している最古のプラネタリウム投映機があるほか，軌道星

図 32-3　四日市市立博物館（左）と郡山市ふれあい科学館（右）

図 32-4　明石市立天文科学館プラネタリウムの
キャラクター「軌道星隊シゴセンジャー」
（提供：明石市立天文科学館）

隊シゴセンジャーという戦隊もののキャラクターが登場するなど一風変わった「芸風」を持つプラネタリウムです。後者には日本で初めて導入されたプラネタリウムが静態展示されています（写真は Q3 を参照）。

プラネタリウムそれぞれに名前はあるの？

Question 33

Answerer 多胡 孝一

もちろん，あります。プラネタリウムの施設全体に名前が付いている場合やドームを含めたプラネタリウムの設備全体に名前が付いている場合，プラネタリウムの機械（投映機）に名前が付いている場合など，いろいろなパターンがあります。たとえば，釧路市こども遊学館では，プラネタリウム設備全体に「スターエッグ」という名前が付けられています。釧路市こども遊学館のプラネタリウムは，ガラス張りの全天候広場にある屋内砂場の上につくられていて，宙に浮かんでいるように見えます（**図 33-1**）。丸くて白いドームが，卵のようにも見えるので，「星の卵」のイメージから「スターエッグ」と名付けられました。ちなみに，開館当初に設置されたプラネタリウム投映機は「ジェミニスターⅡ」という機種名が，メーカーによって付けられていました。この「ジェミニスターⅡ」は，光学式とデジタル式の２台の投映機が一体となって星空を映し出すことから，「ふたご座」を意味する「ジェミニ」から名付けられました。

正式名称は「ジェミニスターⅡ」ですが，私たちスタッフは親しみを込めて「ジェミニちゃん」と呼んでいます。これは愛称ですね。デジタル式の方は「デジスターⅡ」という機種名のアメリカ製の投映機です。デジタ

図 33-1　釧路市こども遊学館の「スターエッグ」

ルの星空ということでしょうか。こちらのほうは「デジ」とか「DS（ディーエス）」（ゲーム機じゃないですよ）と略称で呼んでいます。

2020年にリニューアルして，さらにデジタルプラネタリウムが1台追加されました。投映機は「ジェミニスターⅢ」（**図 33-2**）になり，新規設置されたデジタルプラネタリウムは「SE（エスイー）」と呼んでいます。

図 33-2 「ジェミニスターⅢ」（提供：釧路市こども遊学館）

各施設・各プラネタリウム・各メーカーでいろいろな名前が付けられています。また，プラネタリウム施設のスタッフによって愛称や略称で呼ばれている投映機もあります。キャラクターとして番組や投映の中に登場してくることもあります。

釧路市こども遊学館「スターエッグ」にも「ハロット」というキャラクターがいます。「こんにちは」の意味の「ハロー」と「ロボット」を組み合わせた名前で，開館時に市民から公募

図 33-3 釧路市こども遊学館「スターエッグ」の「ハロット」（提供：釧路市こども遊学館）

し，覚えやすさ，呼びやすさから決定されました。プラネタリウム番組や広報・館内表示などで活躍するほか，「ハロットの唄」もあり，閉館時の音楽に使用しています。

また，仙台市天文台には，「プラネくん」がいます。プラネタリウムの投映機がモチーフになってできたキャラクターで丸い形や色も投映機からきています。プラネタリウムの投映番組「こどもの時間」に登場するキャラクターです。

刈谷市「夢と学びの科学体験館」には，「ハバタッキー」がいます。子どもたちが未来に向かってはばたくことを願って名付けた児童館の愛称「はばたき」を由来としています。一般投映番組に登場したり，来館者のための記念スタンプロボットとして活躍しています。

施設やキャラクターに注目して，見学に行ってみるのも面白いと思いますよ。

図 33-4　仙台市天文台の「プラネくん」
（提供：仙台市天文台）

図 33-5　刈谷市「夢と学びの科学体験館」の「ハバタッキー」
（提供：刈谷市夢と学びの科学体験館）

世界のプラネタリウムではどんな投映をしているの？

Question 34

Answerer 木村かおる

世界のプラネタリウムは，大きく分けて「学校教育用」「社会教育用」の２つの役割に分けられます。

アメリカでは，学校に設置されたプラネタリウムが圧倒的に多いようです。初等教育では，実際に子どもたちがさわったり，ものをつくる活動を通して体験的に学ぶことができるSTEAM教育を意識した「ハンズ・オン教材」を用いながら，月の満ち欠けや星の動き，四季が起こる理由などの学習をプラネタリウム投映とあわせて行っています。

また，大学に設置されているものはデジタル式プラネタリウムが多く，数値シミュレーションの可視化映像などを用いて，天文学の授業で使われています。これらのプラネタリウムは，週末などには一般に公開されることがあり，「今晩の星空」や毎月のテーマなどの投映を行っています。

大都市のプラネタリウムの多くは，高解像度のデジタル式のプラネタリウムが導入されており，従来のプラネタリウム番組のほか，ヨガやロックコンサート，ダンスパーティ，ミュージックナイト，レーザーショーなどさまざまな用途で利用されています。またプラネタリウム番組も星や宇宙の話題だけではなく，インナー・スペース，幾何学，環境，ジオサイエンス，アートなど，シミュレーション映像をふんだんに取り入れたオート番組が主流となっています。

世界を代表するカリフォルニア・サイエンス・アカデミー，デンバー自然科学博物館，ヘイデン・プラネタリウム，アドラー・プラネタリウム，スーパーノバなどでは，ドーム映像技術の開発や研究を行っており，NASAやESO（ヨーロッパ南天

図 34-1　ヘイデン・プラネタリウム（ニューヨーク）（提供：Mark Webb）

天文台）などの観測データを用いて専門的な科学番組を作成して販売，もしくは無料で提供しています。

デジタル式のプラネタリウムが主流となったいま，いつでも，どこでも同じ番組を上映することができるようになっています。また，他のプラネタリウム館とつないで同時進行で番組を行ったり，ドーム映像をストリーミング配信する試みも行われています。

図 34-2　アドラー・プラネタリウム（シカゴ，左）とモリソンプラネタリウム（サンフランシスコ，右）（提供：Mark Webb）

世界の変わったプラネタリウムを教えてください。

Question 35

Answerer 平岡 晋

プラネタリウムと言えば，半球状のドーム屋根を思い浮かべるのではないでしょうか。実は，ドームスクリーンの外側が直接屋根になっていることは少なく，スクリーンの外側にもう一回り大きいドーム屋根を架けた二重構造になっています。それでは，屋根とスクリーンが別物なのに，なぜ屋根まで丸いドーム形状のプラネタリウムが多いのでしょうか。

これは，投映機から等距離にあるドームスクリーンに星像を投映するメカニズムから生じた「球」という形に，強いシンボル性があるからだと思います。ローマの「パンテオン」やイスタンブールの「アヤソフィア」など歴史的なドーム建築も，祝祭感覚あふれる特別な建物としていまでもその存在感を放っています。そして現在，建築技術は進歩を遂げ，ニューヨークのヘイデン・プラネタリウムや，日本の名古屋市科学館などは，屋根だけではなく建物全体が球体になっています。球体の持つ中心性・完全性が，天体にも通じる宇宙的なイメージを創り出しているのです。

図 35-1　ニューヨークのヘイデン・プラネタリウム（アメリカ）

図 35-2　久万高原天体観測館の全景（提供：久万高原天体観測館）

ドーム屋根以外のプラネタリウムと言えば，久万高原天体観測館のプラネタリウムは，なんと木造のお城の中にあります。歴史的に実在したお城ではありませんが，町おこしにもつながるユニークな試みです。

一方，海外では，美しい公園の中にたたずむ歴史的な給水塔をリノベーションしたハンブルグ・プラネタリウムや，街のシンボルだった球体のガスタンクを再利用したゾーリンゲンのプラネタリウム「ガリレウム」など，街のランドマークを再生する動きもあります。

図 35-3　ハンブルグ・プラネタリウム（ドイツ）（出所：Google）

図 35-4　ガリレウム・ゾーリンゲン（ドイツ）
（提供：Courtesy of Norman Schwarz，Galileum Solingen）

さまざまに工夫を凝らしたプラネタリウム建築は,「街の誇り」として今後ますます大切にされていくことでしょう。

一方,プラネタリウムの内部に目を向けてみると,プラネタリウムは長らく半球状のスクリーンを水平に伏せ配置していましたが,ドームスクリーンを傾けた傾斜ドームが考案され,水平線以下にも星を映すことで,宇宙空間にいるような感覚が得られるようになります。プラネタリウムの目的は,地上から見上げた星空の展示から,「宇宙の擬似体験」へと広がりました。これらの水平や傾斜,さまざまな大きさのドームスクリーンは,羽田空港のPLANETARIUM Sterry Caféや,プラネタリウムバー,はては,お寺の中にあるプラネターリアム銀河座など,博物館や科学館以外にも一風変わったプラネタリウムを生み出しました。

そして,近年の映像技術の進化は,福井市のセーレンプラ

図35-5　福井市のセーレンプラネットの8K高精細映像

図 35-6　安城市文化センタープラネタリウムの投映
（提供：安城市文化センター）

ネットの８Ｋ高精細映像や四日市市立博物館プラネタリウムの８Ｋ動画スカイラインなど高画質な映像や，たくさんの小さな発光ダイオードをドームの内側に埋め込んだLEDドームによるきらめく星や色鮮やかな映像を楽しめるプラネタリウムを創り出しました。

また，地平線の高さと観客の目線の高さを極力近づけることによって，没入感を高めた安城市文化センタープラネタリウムやシカゴのアドラー・プラネタリウムは，風景の中に観客がすっぽりと入り込み，まるでその場にいるかのような感覚を実現しています。他にも，床の大きな円い窓から地球や宇宙を見下ろすような施設も生まれました。

目的や伝えたいことは何かによって今後もさまざまなプラネタリウムが登場してくることでしょう。

プラネタリウムにはどのくらいの人が訪れるのですか？

Question 36

Answerer 日本プラネタリウム協議会

「○○座の流星群」などの話題がニュースで取りあげられたり，日食や月食，肉眼で見ることのできる彗星の回帰などの天文現象が起こったりすると，プラネタリウムの観覧者数は増加する傾向にあります。現在，47 都道府県のすべてにプラネタリウムが設置されていますが，その数は約 300 施設にも及びます。設置されている施設の種類も，科学館・博物館や児童センター・公民館，あるいは天文台などに至るまで，いろいろ存在しています。

日本プラネタリウム協議会（JPA）のホームページには 2011 年度から 2021 年度の総観覧者数ならびに総投映回数（推計値）が公開されています。2020 年からのコロナ禍で観覧者数や投映回数は大きく変化していますので，それ以前で見ていくと日本全国のプラネタリウム施設のすべてを合わせた総投映回数はおおむね 20 万回にも及びます。その総観覧者数は 800 万人から 900 万人の間で推移しています。それぞれの施設の観覧者数などは毎年更新していますので，下記の日本プラネタリウム協議会のページから調査速報などをご覧ください（https://planetarium.jp）。

一口にプラネタリウムと言っても，学校に設置されている小型の施設もあれば，直径 35 m のドームを持つ世界で最も大きなプラネタリウムまでさまざまです。小さければ座席数は少なく，ドーム径が大きければその分，座席数も多くなります。また，投映回数が多ければ，その分，集客数も増加します。そこで日本プラネタリウム協議会のページでは施設の規模ごとのランキングも公開しています。さらに施設の設置目的も「映画館のように多くの方に見てもらうことを目的とした施設」もあれば「学校教育の一環として，星や天文・宇宙の授業を行っている施設」までいろいろな施設があります。したがって人数（集客数）だけがその施設の良し悪しを指しているわけではありません。

表 36-1　プラネタリウム観覧者・投映回数の推移

年度	総観覧者数	総投映回数
2011 年度	769 万人	19 万回
2012 年度	848 万人	20 万回
2013 年度	817 万人	20 万回
2014 年度	817 万人	20 万回
2015 年度	815 万人	20 万回
2016 年度	858 万人	20 万回
2017 年度	872 万人	23 万回
2018 年度	889 万人	22 万回
2019 年度	830 万人	20 万回
2020 年度	312 万人	13 万回
2021 年度	476 万人	16 万回

（出所：日本プラネタリウム協議会）

大きな施設には大きな施設の，小さな施設には小さな施設なりの良さや特徴がありますので，ぜひ，お近くのプラネタリウムに訪れてみてください。

どんな投映内容がありますか？

Question 37

Answerer 安藤 享平・長谷川哲郎
多胡 孝一

プラネタリウムは，さまざまな施設のなかに設置されています。科学館などの博物館施設や，教育センターや児童館，文化センターや図書館，学校に設置されている場合もありますし，アミューズメント施設のなかにもあります。どのような内容で投映を行うかは，それぞれの施設の目的に応じてさまざまで，現在では投映の種類もバラエティ豊かになっています。

多くのプラネタリウムでは，平日は学校など団体向けの「学習投映」を行っています。これは，本来は時間をかけて観察を行うことでわかる「星の動き」「季節の星座の姿」や「宇宙の構造」などといった学習を，時間と空間を超えて天体の様子をたちどころに再現できるという，「天文教具」としてのプラネタリウムの利点を生かして行われます。教科書や黒板では表現しきれない，空間的な広がりを持つ天球や宇宙の理解に大変役立ち，非常に効果的です。

また幼稚園や保育園，こども園に通う年少者向けの「幼児投映」も行われます。小さい頃から興味関心を育て，感性を豊か

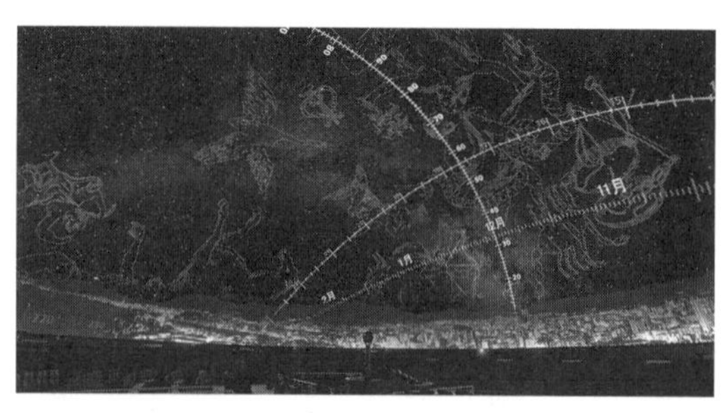

図 37-1　星の動きと季節の星座の学習投映

にするという観点で，星や宇宙に親しみを持ち，七夕やお月見といった年中行事への理解を深めることなどにも重点を置いて行われます。これらは，プラネタリウムのある地域の子どもたちにとって，とても大切な投映内容です。

図 37-2　小学生の学習投映の様子

一般向けには，実際の星空に目を向けるきっかけとして，今夜その場所で見られる星空の紹介と，現在理解されているさまざまな宇宙の姿を紹介する投映などが多く行われています。迫力ある映像を通して，惑星やブラックホールといった天体の姿や空間的な宇宙の広がり，誕生から現在までの宇宙の進化，人類の歩みのなかで捉えられてきた天文学の歴史的な進展や宇宙の見方など，幅広い天文の話題に触れることができます。

また，子どもと家族で楽しむ投映では，星空の紹介とともに映像で物語を紹介するなどした内容もよく行われます。物語は「星座の神話」だけでなく，その地域の話題と結びつけたそのプラネタリウムオリジナルのものや，絵本を題材としたものなどさまざまです。

イベント的な投映もさまざまな形で行われます。音楽を聴くことを主体とした投映では生演奏で行われることもありますし，星空や映像とステージパフォーマンスを加えた演劇，映像を活用した講演会などもあります。

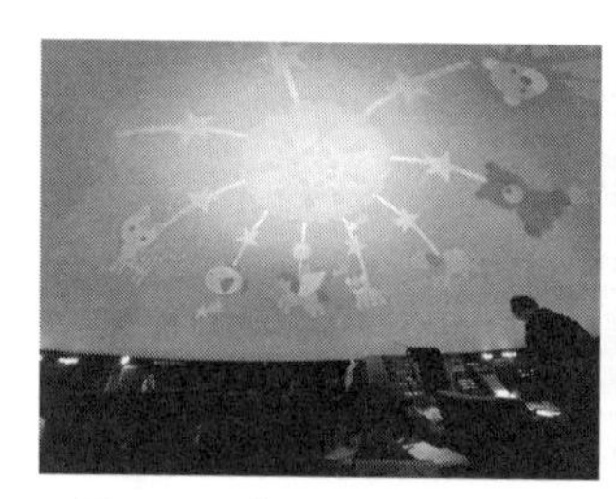
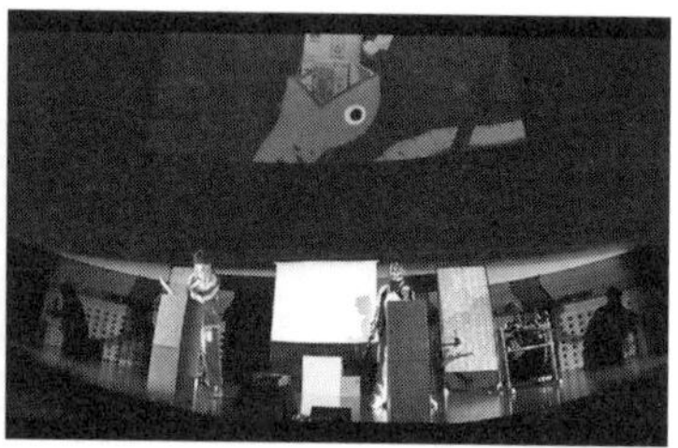

図 37-3　プラネタリウムでのイベント，ベビー投映（左）と府中雑貨団講演（右）（提供：盛岡市子ども科学館，左　府中市郷土の森博物館，右）

だれもがプラネタリウムを楽しむことができる，バリアフリーを意識した投映も各地で行われています。聴覚障がいの方も楽しめる字幕つきの投映，視覚障がいの方もいっしょに宇宙を感じられるように配慮した投映，乳幼児を連れて気兼ねなく楽しめる投映などがあります。こうした投映は今後増えていくことでしょう。

こうしたプラネタリウムの投映内容が，どのような形態で行われるかは，施設によって異なります。いわゆる「生解説（ライブ投映）」は，解説者がその場で話をしながら，星空や宇宙の話題を紹介していきます。その日の月や惑星の様子，最新の天文ニュースなどを，すぐに紹介することができたり，観覧者の年代やそのときの雰囲気に合わせて，話し方や内容を変えたりもしています。解説者の個性も含めて，まったく同じ内容は二度とない，そのときだけのプラネタリウムの投映を楽しむことができるのです。そして投映が終わった後には，解説者に直接質問をすることで，疑問に思ったことをより詳しく聞いてみるのも良いでしょう。

あらかじめ録音されたナレーションで行われる投映もあります。「オート（番組）」と呼ばれたりするこうした投映ではプラネタリウムの星空の紹介だけでなく，ドームスクリーンに迫力ある映像とともに，ストーリー性のある内容で，その世界に引き込まれていきます。ドキュメンタリータッチのもの，物語となっているもの，テレビでおなじみのキャラクターが登場するものなど，さまざまです。星空の紹介は生解説で，宇宙の話題はオートで，と組み合わせて投映を行うことも多く行われています。

図 37-4　生解説（ライブ投映）を行う解説者（提供：名古屋市科学館）

昔のプラネタリウムはすべてが手動で投映機を操作して，それに合わせて解説をする必要があったので，すべて生解説で行われていました。その後，機器が発達するにつれて，録音された音声とプラネタリウム投映機が一体となって動く，コンピュータ制御が可能となり，オートによる投映が増えてきました。

また現在ではドームスクリーンに広がる映像（フルドーム映像）による投映も増えています。内容もプラネタリウムというよりはドームシアターとして，ドーム空間を生かした没入感のある映像で，宇宙に限らずさまざまな話題を紹介した映像作品の投映が行われることもあ

図 37-5　ドーム全面に映し出される映像

ります。

そういう点で現在は，プラネタリウムの楽しみに幅が広がったとも言えるでしょう。身近な場所のプラネタリウムを楽しむほかにも，周辺や旅行先のプラネタリウムに出かけてみると，さまざまな投映スタイルを見ることができ，いっそうプラネタリウムの楽しみが広がることでしょう。　**（安藤　享平）**

プラネタリウムでは，その時々の星空を案内する内容が多く，季節の星座や星の見つけ方から天体などの紹介をしています。西洋の星座と神話だけでなく，東洋のものや地域に残っている星の名などに触れたり，天体望遠鏡で見た姿を天体画像などで提示し，どんな天体なのかについて解説しています。

また，人間と星空（宇宙）の関わりや宇宙開発など歴史的な変遷，最新の天文ニュースや話題になっている事柄に科学的な解説や情報をつけてお伝えすることも多いようです。この時に，番組構成と進行を自動演出と録音で行う場合を「オート」と呼び，解説担当が手動（または部分的に自動）操作で演出し，自らの言葉と声によって行う場合を「生解説（ライブ投映）」と呼んでいます。

前者は複雑な場面構成や緻密な演出とよどみないナレーションが持ち味で，後者は温かみのあるマイクロフォンを使った語りと，来場者に合わせたたとえや言い換えをインタラクティブに進行できる持ち味があります。

オートを投映しているプラネタリウムでは， 科学的説明と臨場感のある映像表現を用いた番組，最新天文学の理論や成果をわかりやすく図解するような番組，３DCG やアニメーション手法のメルヘンのようなストーリー番組，有名アニメキャラクターが登場する番組など，声優さんも活躍するドーム作品の投映を行っています。

（長谷川哲郎）

図 37-6　アニメなどさまざまな投映プログラム（提供：板橋区立教育科学館）

生解説は，お客さんの反応を見ながら，解説者がリアルタイムにお話しをする投映形式ですが，私の場合，プラネタリウム投映が終わってから，お客さんが「星空を見上げてみよう」と思ってくれるように，今夜の星空での星座や天体の見つけ方，見えるものに関する簡単な知識をわかりやすくお話しするようにしています。生解説では，お客さんの年齢層などによって，使う言葉や説明の仕方，説明の分量，話し方なども工夫しています。

（多胡 孝一）

Section 5 解説者のしごととプラネタリウムの楽しみ方

プラネタリウムの解説者になるには，どんなスキルや能力が必要ですか？

Question 38

Answerer 安藤 享平・松下 真人

これまでにご紹介してきたように，さまざまな設置目的の施設にプラネタリウムがありますので，解説者になる道すじや求められる能力もさまざまです。

実際に解説ブースに立ち，解説者として仕事をすると，さまざまな知識と技術が求められることを実感します。天文学に関する知識や，星座の歴史をはじめとした星空を人びとがどのように見てきたかという文化としての知識，星空観察や望遠鏡の使い方などの技術，そして人に星や宇宙の面白さを伝えられるための話術などです。さまざまな年代の来館者に合わせた，コミュニケーション能力も不可欠です。子どもたちの好きなテレビ番組など流行を把握しておくことなども，話題を広げるのに役立ちます。

いろいろな角度から話を広げていく話術は，実際にたくさんのプラネタリウム投映を見ることで知ることができます。プラネタリウムを楽しむなかで，「自分はどのようなプラネタリウム解説者となりたいか」イメージを膨らませていくとよいでしょう。

（安藤 享平）

プラネタリウム設備を有する施設の職員となって，解説者としての道を歩んでいくことになりますが，施設ごとに運営母体が異なるため採用条件もさまざまです。

市区町村や都道府県が設置・運営している施設では，地方公務員として採用された後にプラネタリウム施設に配属される場合や，天文担当等の専門職員として採用される場合もあります。また，企業がプラネタリウム施設の管理・運営を行っていることも多く，この場合は，企業の社員として採用され，プラネタリウム施設の運営職員として配属されることもあります。

図 38-1　解説者のブースとコンソール

いずれにしても採用後は，解説者として神話や物語を交えて季節ごとの星座を紹介したり，最新の天文情報を提供したりしながらプラネタリウムの投映を行います。そのためには，どのような順序で何を解説するのか構成を組み立て，演出を考え，天体写真やイラストといった素材を用意し，これらをプラネタリウムに映し出すためのプログラムを作成し，投映原稿を作成し，練習を重ねた上で初めてお客様の前で披露することになります。

このように，解説者の仕事は「解説すること」だけではないのです。さらには，望遠鏡を使った天体観望会を開催したり，出張講座に出向いたりと，その業務は多岐に渡ります。

とは言え，解説者に必要な知識や技術のすべてを採用時に備えている職員はまれです。特に解説技術は採用後に身につけていくことがほとんどです。だれにでも解説者になるチャンスがありますが，限られたチャンスを逃さないよう，日頃から星空や天文に興味を持ち，わからないことがあれば調べてみるということを繰り返し，あらかじめ知識を身につけておくことが，解説者への近道と言えるかもしれません。

（松下 真人）

解説者は投映時以外どんなしごとをしているの？

Question 39

Answerer 安藤 享平・髙橋智香子
多胡 孝一

プラネタリウムの解説者が，投映時の解説以外に，どんなことをしているのか，３人の解説者がお答えします。

皆さんの前でプラネタリウムの解説を行っている時間は，仕事のなかではごく一部です。プラネタリウムに関連することから，施設に関する他の仕事まで，いろいろなことを行っています。プラネタリウムやその施設で目にする，あらゆるものに関わっていると言っても良いでしょう。施設によって異なりますが，筆者の場合，おおよそ次のような仕事をしています。まず，プラネタリウムに直接関係することですが，

・プラネタリウムの機器の電源の入り切り，点検，整備，修理など
・プラネタリウムの投映の準備，解説，片付け，今後投映する番組の制作など
・パンフレットやポスターの制作や発送作業
・チケット販売や入場時のチケット確認
・投映後の忘れ物など座席点検
・天文ニュースのチェックや投映に関連する情報収集と勉強

などがあります。また，プラネタリウムがある施設に関係することでは，

・展示物の作成
・天体観望会や講座などの実施
・事務書類の作成や手続き

などがあります。

ここで，プラネタリウムで働く人の１日の流れを，プラネタ

リウムに関する業務を中心に見ていきましょう。

朝は，プラネタリウムの電源を入れて，正常に機器が動くかを確認するところから始まります。プラネタリウムは投映機のほかにビデオプロジェクターやコンピュータなど，さまざまな補助投映機や音響装置などで構成されています。どれかひとつでも正常に動かないと，プラネタリウムの投映に支障が出ます。もし調子の悪い機器があれば，ある程度の修理は解説者自身で行うことも必要です。どうしても修理できないときは，予備の機器に交換したり，メーカーと相談して修理に来てもらうように依頼します。

無事に機器が正常に動くことを確認したら，投映の準備です。投映する内容によって，機器のセットや使用する映像・音楽などが変わりますので，毎回投映を担当する解説者が確認しながら準備を行います。

投映の時間が近づくと，入口の扉を開けて入場の受付を行います。チケットの販売や入場時の確認も，施設によっては解説者が行います。このとき，入場する皆さんの様子を見て，どんな内容で解説しようかを考えてもいます。

投映が始まると，解説者は多くのスイッチやモニターがあるコンソール（操作卓）で，機器を操作しながらお話をしていきます。解説者は暗いなかでも，皆さんの様子や雰囲気をつかみ，ドーム内の状況を把握しています。まれに，投映中に機器に不具合が出ることもあります。そのときは話しながら機器の不具合を直したり，投映の進行に支障がないようにしながら進めていきます。別の部屋にいる他の解説者に応援を頼むこともあり

図 39-1　投映番組を制作するための映写室（郡山市ふれあい科学館）

ます。

投映が終わると，座席の忘れ物や汚れなどの点検を行います。そして次の投映の準備が始まります。

投映を担当していないときは，今後投映する番組の準備を行っていることもあります。どのような内容で投映を行うか，構成を考えてシナリオを作ります。それに合わせて必要な映像を準備していきます。ある程度準備ができると，プラネタリウムのドーム内で作業を行います。コンピュータに映像やプログラムを組み込み，イメージした通りに映し出されるかを確認します。

1日の投映が終わると，機器の電源を落としますが，その後にもデスクワークを行っています。たとえば，投映内容を紹介するポスターやパンフレットは，解説者がデザインや執筆を行って作っていることも多くあります。星図を書いたり，星空の見どころを紹介する文章なども，解説者が書きます。

そして日々のプラネタリウムの解説には，勉強も欠かせません。天文学の進歩は非常に早いので，新たな発見によりこれまでの情報があっという間に古くなってしまうこともあります。天文学でいま明らかになっていることを把握するためには，研究機関のウェブサイトの情報や，さまざまな書籍を読みこなしていきます。最新の天文学に限らず，星座神話や世界各地での星の伝承なども非常に数多くありますので，より幅広くお伝えできるように，文献を見直します。

またプラネタリウムの投映で使う天体写真を撮影することもあります。天文現象などを伝えるのに，解説者やそのプラネタリウム施設が撮影した写真を使い，解説者自身が体験したことを語ることで，より言葉に説得力が出るのです。

プラネタリウムの投映以外にも，プラネタリウムのある施設に関するさまざまな業務があります。ロビーや展示室に天体写真を飾ったり，展示物を作成することもその一環です。

天体観望会で望遠鏡を操作して，実際の星空を説明することも多くありますし，プラネタリウムで天文に興味を持った方向けに，教室での講座を行うこともあります。参加者の募集から資料の準備，当日の講師までを行います。

こうして，皆さんに楽しんでいただく事業を行う準備として，事務的な書類を作成したり，さまざまな関係者に連絡を取り，打ち合わせを行う場面が多々あります。そうしたことも解説以外の時間にこなしているのです。 **（安藤 享平）**

プラネタリウムのコンソールで，数多くのスイッチを操作しながら解説している時間は，実はごく一部です。

解説者の1日は，プラネタリウム投映機の動作確認から始まります。星が出るか，絵が出るか，位置が合っているか，ボタンやボリュームのスイッチが動くか等の機器の動作確認と，解説員の商売道具でもある声の動作確認，発声練習「あいうえお，いうえおあ，うえおあい…」。よしよし，星も声も出る。あとは，お客様をお迎えするだけ！　ではありません。投映をするための事前準備のお話もしましょう。

図 39-2　解説者による番組制作の様子

現在，さまざまな種類の投映を行っているプラネタリウム施設は多いですが，当館ではそれぞれの投映において，何を目的にしてだれに向けた投映にするか決めた上で，構成をし，手法を考え，シナリオを書き，プラネタリウム番組を制作します。制作とは，写真を撮ったり，絵を描いたり，プラネタリウムドームに映るように専用のソフトでプログラムを作ったりする作業も含みます。制作後は投映の練習，さらには当館スタッフの前で投映を行い，意見を聞き，修正を繰り返し，お客様に提供できる品質に仕上げていきます。

解説者は投映時以外のプラネタリウム室のなかで，コツコツと番組を作り，投映の練習をしています。

また，解説者の仕事はプラネタリウム内だけではありません。実際の星を見る観望会を行ったり，写真展など企画展の開催をしたり，お客様からの問い合わせにもお答えしています。お客様に，最新の天文情報を提供できるよう，情報の収集，勉強をしています。とても忙しいですが，すべてはお客様のためです。いらしていただいた皆様が天文に興味を持ってもらえるよう，日々励んでいます。

プラネタリウムを見に行ったら，ぜひ解説者に話しかけてみてください。個性的で面白い人たちがそろっていますよ。

（髙橋智香子）

図 39-3　解説者によるメンテナンスの様子

プラネタリウム新番組のための企画案作成や情報収集，イラスト作成，動画編集，特別投映などのための資料やプログラムの作成，ポスターやリーフレットといった広報資料の作成，報道機関への情報提供資料の作成，各種報告書の作成などのデスクワークがあります。それ以外に，投映機やプロジェクター，映像装置，音響機器などのプラネタリウム設備のメンテナンスや調整作業も行います。プラネタリウムドーム内の椅子の清掃やお手入れなども行います。最近のプラネタリウム投映機はコンピュータで制御されているので，わかりやすくスムーズな投映ができるように，いろいろな機器を組み合わせタイミングを合わせて動かすためのプログラムをつくることもあります。

また，どのような職種での採用かにもよると思いますが，大きな科学館・プラネタリウム館以外では，いろいろな仕事を兼任していることがほとんどです。実験・工作教室などの科学教育普及活動や，天体観測会などの天文教育普及活動も行います。

場合によっては，勤務する会社の経理や総務，人事といったプラネタリウムと直接には関係のない仕事もあります。

(多胡 孝一)

どうしたらプラネタリウムの解説者・職員になれるの？

Question 40

Answerer 安藤 享平・多胡 孝一

「プラネタリウムの解説者になりたい」と思う方は，まずは，各プラネタリウムでどのような募集が行われているか，またどのような条件になっているかなどをチェックするとよいでしょう。必要な資格がある場合もありますし，求められるスキルなどもそこに書かれています。

たとえば，大学で天文学を専攻していること，教員免許あるいは学芸員資格を有していること，星が好きであること，子どもと接することが好きなことなど，施設の特徴によってさまざまな条件があります。どのようなことを勉強したり，身につけておくとよいか，などの参考にもなります。

募集時期にも気をつけましょう。正職員（社員）としての募集であれば，公務員試験や企業の採用試験の時期に募集のアナウンスが出ることが多いですが，急きょ欠員が出た場合には，年度途中でもすぐに就職できる方を募集することもあります。まめにウェブなどで情報をチェックすると，チャンスを逃さないでしょう。

（安藤 享平）

プラネタリウムの解説者・職員どうしたらなれるのかというのは，ちょっと難しい質問です。単にプラネタリウム解説者になりたいのであれば，場所によってはボランティアやアルバイトの形で解説できるところもあります。そうなると，仕事として解説者になるというのとは違ってきます。

現在のプラネタリウム解説者は，星空や星座に詳しいだけではなく，天文学や宇宙開発などの研究者や技術者と一般の方との橋渡し役としての知識や技能も必要になっています。最近で

図 40-1　プログラミングの様子（提供：釧路市こども遊学館）

は，わかりやすく伝えるために写真編集，動画作成などコンピュータソフトを使ったり，プログラミングをしたりすることもあるので，基礎的な知識を身につけたり経験を積んでおくと良いかもしれません。仕事として，プラネタリウム解説者を目指すのであれば，それらを身につけた上で，プラネタリウム業界や科学館・博物館のネットワークのなかで募集される求人情報を見つけられるようにしましょう。数は多くないですが，ときどき解説者募集の情報があります。情報を見つけたら，ためらうことなく手を上げましょう。そうすれば，解説者への第一歩を踏み出すことができると思います。

解説者となるためには，実体験として星空を見上げる経験も大切です。いろいろな知識・経験を得られるように活動すると良いと思います。

（多胡 孝一）

投映時によく流れる音楽やBGMはなんですか？

Question 41

Answerer 安藤 享平

音楽には，わくわくさせたり，落ち着かせたり，情景をイメージさせたりといった，人の心に作用する強い力があります。そしてプラネタリウムが映し出すさまざまな光景と組み合わさると，一層ドラマチックな雰囲気を作り出してくれます。

日本でのプラネタリウム黎明期を振り返ってみると，投映時に流れる音楽は，クラシックが多く用いられてきたようです。たとえば有名な学者・解説者でもあった野尻抱影さん(注1)は，東京に1938年に開館したプラネタリウム・東日天文館（のちに「毎日天文館」と改称）の投映の思い出のなかで，次のように記しています。

> ツィゴイネル・ワイゼンを放送している。聞きながら眼を閉じていると，戦争で破壊された前の毎日天文館のプラネタリウムがはつきりと見えて来る。(中略) 夜明けには多くこの曲だったからだ。(中略)
>
> トロイメライなどの静かな音楽の間に，太陽がシルエットの蔭へ沈むと，しばらくは西は「水いろの薄明」で，宵の明星が，時には水星も低くにじんでゐるが，それも暮れて，ドームの天井はさんぜんたる星空となる。この瞬間はいつも声をあげたいほどの美しさだった。(中略)
>
> そして，やがて眠気もさして来るころ，星空がようやく白んで，流星がほろりほろりと流れ，ツィゴイネル・ワイゼンのメロディが次第に現実の世界へと連れもどして行く。あの夜明け前の感じは実に無類である。

と曲とともにその情景を記しています。[1]

また，日本で初めてのプラネタリウムがあった大阪市立電気科学館の解説者で，天文教育に長年貢献された高城武夫さんは，星空に深い印象を生み出す曲を次のように記しています。[2)]

① ワグナー作　歌劇ローエングリン第一幕前奏曲
② ルビンシュタイン作　ピアノ曲　カメンノイ・オストロフ
　［天使の幻夢］［修道院の鐘］
③ サラサーテ作　ツィゴイネル・ワイゼン
④ グリーク作　ペール・ギュント組曲
⑤ ズツペ作 「詩人と農夫」「神の栄光」
⑥ チャイコフスキー作　組曲「くるみ割人形」
⑦ ドヴォルザーク作　シンホニー第五番「新世界」より
⑧ ベートーヴェン作　シンホニー第六番「田園」
⑨ ベートーヴェン作　シンホニー第九番「合唱」
⑩ ムゾルグスキー作　歌劇「ホヴァンシチナ」序奏部
⑪ レスピーギ作 「ローマの松」
⑫ ロッシーニ作　歌劇「ウイリアム・テル」
⑬ ボローディン作 「中央アジアの曠原にて」
⑭ ベートーヴェン作　ピアノソナタ「月光」
⑮ シャルパンティエ作 「イタリーの印象」（組曲）

これらはほんの一部分で，まだ多数の名曲がプラネタリウムの伴奏に使われます。ロシヤ民謡，ジプシー音楽，フォスター名曲などの外，シューマンやメンデルスゾーン等の静かな優美な楽曲は何れも星空の下できく感激は格別です。

現在では，プラネタリウムの投映もバラエティ豊かになったこともあり，対象となる年齢や状況に応じて多様な音楽が用いられています。たとえば，幼児向けの投映では暗闇に対する怖さを和らげるため，童謡や子ども向け番組での定番曲，アニメ主題歌などを用いて，みんなで歌いながら星を見ていくこともあります。

一般向けの投映では，ポップソングやイージーリスニングを用いることもあります。どちらかというと，歌詞の入った曲よりも，歌詞の入っていないインストゥルメンタルを用いることが多いようです。これは，投映時に曲の途中で解説を入れる場合に，音楽をどこでフェードアウトしても使いやすく，歌詞によってもたらされる強いイメージを避ける意味もあるようです。

多くの投映では，業務用の音楽を用いることもあります。これはテレビの効果音や挿入曲になっていることも多いので，皆さんが耳にした曲もあるでしょう。イメージするジャンル，たとえば「サイエンス」や「和風」という曲の雰囲気で多数がリ

図 41-1　朝をイメージするような BGM が流れるプラネタリウムの夜明け

リースされており，プラネタリウムで投映するイメージに合わせて選曲できます。

たとえば，日の入りでは「田園調」な雰囲気でスローテンポな曲，宇宙を旅するときには，「サイエンス」な雰囲気でアップテンポな曲を選ぶことでわくわく感を出すなど，投映のイメージに合った効果的な音楽を選曲することが可能となるのです。

このほかにも，音楽とプラネタリウムを同時に楽しむ投映（「星と音楽の夕べ」など）では，さまざまなジャンルやアーティストごとにテーマを決めて，音楽と組み合わせた投映が行われています。星空にマッチした，新たな音楽との出会いを体験したい方にはおすすめです。また，好きな音楽とともにプラネタリウムを楽しんでみたいという方は，興味を持った音楽がテーマのときに出かけてみるのも良いでしょう。

音楽から受けるイメージは，人が過ごしてきた環境によってさまざまです。プラネタリウム解説者の先達である山田博さんは，プラネタリウムで用いる音楽で次のような興味深いことを報告されています。

「ある中学生がプラネタリウムの夕暮時に昼食直前の空腹感を覚えたというので調べてみると，その曲はその学校に於て，いつも昼食前に校内放送されているテーマ曲であることが判ったこともある。」[3)]

音楽に対するイメージは，人によってもさまざまであると言えます。こうしたなかで，プラネタリウムの解説者や番組制作者は，その時々に応じたイメージを生むのに最適な音楽を毎回考え抜いて選んでいます。そして曲の進行とプラネタリウムの情景がマッチするように，演出のタイミングと曲の進行の双方を考えながら展開を作り上げています。

ぜひ音楽も含めた，プラネタリウムの雰囲気を楽しんでいただければと思います。

（注1）もともとは英文学者であったが，星の和名収集に尽力したほか，多数の天文書を執筆した。1938年に開館した日本で二番目のプラネタリウムである東日天文館（1945年に空襲で焼失）の運営や，天文博物館五島プラネタリウムの学芸委員としても尽力した。「冥王星」の命名者としても有名。

参考文献
1)「星三百六十五夜」 野尻抱影 1992年 恒星社厚生閣（1955年中央公論社の改訂版）
2)「プラネタリゥムの話」 高城武夫 1954年 大和書房
3)「プラネタリウム・バック・ミュージックについて」 山田博 1966年 市立名古屋科学館 「科学館紀要」1号

投映時に使う音楽やBGMはどのように選びますか？

Question 42

Answerer 宗政 剛・多胡 孝一

プラネタリウムの投映に使用する音楽は，どうやって選ぶのか，２人の解説者にお話していただきます。

プラネタリウムで星空を眺めながら心地よい音楽が聞こえてくると，ゆったりとした気持ちになりますよね。多くの生解説投映では解説者が観覧されるお客様の層や，その投映の雰囲気に合わせた音楽を選んで流しています。クラシック音楽，ジャズ，フュージョン，映画やテレビのサウンドトラック，環境音楽，ポップスとさまざまです。解説者がどんな曲を使っているかで，その解説者の好みが見えてきそうです。私自身はピアノの曲やジャズ・フュージョンを選ぶことが多いのですが，Ｊポップのインストゥルメンタルなども使用しています。新しい曲をCDショップで視聴しながら探すこともあります。

投映終了後に，「太陽が沈むときにかかっていた曲はなんですか？」と質問に来てくださる方がいらっしゃいます。そのようなときは「気に入っていただけたのかなぁ」と，とても嬉しい気持ちになります。また，大迫力の全天周映像や，ナレーションや映像が作り込まれている「プラネタリウム番組」では，音響スタジオの方が，そのシーンにぴったりの曲や効果音を付けてくださっています。その他にも，生演奏やCD演奏で音楽をお楽しみいただきながら星空を眺めるイベントを開催するプラネタリウムもあります。

プラネタリウムの音楽は，星空や宇宙の下だけとは限りません。投映が始まる前にも音楽が流れていることがありますよね。投映担当者は，これからプラネタリウムをお楽しみいただくた

めに，どんな曲が良いかを考えることも多いです。プラネタリウム投映にとって音楽は名バイプレーヤーであり，時には主役にもなります。ぜひ，音楽にも注目してみてください。気になった曲があったらプラネタリウムのスタッフに曲名などを聞いてみてくださいね。

図 42-1　ドームに投映される夕暮れの景色

（宗政 剛）

生解説の際には，言葉がお客さんの耳に入るのを邪魔しないように，歌入りの楽曲は使わないようにしています。日没のシーンは，夕暮れ時の美しい情景をイメージした曲にします。夜景を消して満天の星になるシーンでは，消すまでの盛り上がりと美しい星空を満喫できるような曲にしています。BGM は投映の雰囲気を左右しますので，その場面場面で話したり見せたりする内容に合わせたテンポや音量になるように注意しています。決まった曲ではなく，上記のポイントを押さえた曲をときどき変えながら使っています。

図 42-2　プラネタリウムの音響機器
（提供：釧路市こども遊学館）

（多胡 孝一）

プラネタリウムを楽しむコツはありますか？

Question 43

Answerer 安藤 享平・多胡 孝一

ここでは，２名の解説者にプラネタリウムの楽しみ方を話していただきます。

季節や投映内容が変わるたびに見る

星空は季節によって変化していくので，プラネタリウムではその時季に見られる星座の探し方や物語などを聞くことができます。ですから，春夏秋冬と季節ごとに，さまざまな星座の話を聞くことができます。

それに加え，投映内容にはテーマを設けていることが多く，「宇宙の始まり」や「ブラックホール」といった天文学の話題や，「星座の神話」，「世界各地の星空」など，同じ施設でもテーマが違えばまったく異なった内容に触れることができます。

実は，同じテーマの投映を何度か見てみるのも非常に楽しいのです。解説者が違えば，同じ星座やテーマの話を，それぞれのアプローチから展開していきます。さらには同じ解説者でも，大人が多いか子どもが多いか，その時ごとに話の展開は少しず

図 43-1　季節ごとの星座解説プログラム（写真は冬の星座）

つ変わっていきます。

同じプラネタリウム施設でも，時間によって内容が異なる場合もあります。子ども向けの時間や大人向けの時間，映像番組の内容が異なると，まったく印象が変わることでしょう。期間を限定した特別投映などもチェックすると，そのプラネタリウムの新しい楽しみ方もできることでしょう。

何度も通うことで，プラネタリウムの面白さを実感することができ，さまざまな星の話題を聞くことができるでしょう。

座る席を変えて見る

ドーム内のどの場所から見るかで，ずいぶんと雰囲気は変わります。星空を見るときには，ドームの中央に近い席ほど歪みが少なくなります。ただし場所によっては，プラネタリウムの投映機などで，星空の一部が隠れてしまうことがあります。水平型のドームでは，東側や西側と座る方角を変えることで，見上げる星空の印象も変わってきます。

映像を見るときは，傾斜型では前の席に座ることで迫るような没入感を得ることができます。ただし，動きの大きな映像では，乗り物酔いのように気分が悪くなることもありますので，

図 43-2　ゆったりと星空を楽しむ

ちょっと気を付けてください。その場合は，後ろの席に座ることで，映像を見渡すようになり，圧迫感も少なくなります。

いろいろなプラネタリウムを見る

自宅の近くだけでなく，旅行先のプラネタリウムに行くのもよいでしょう。いろいろなスタイルのプラネタリウム投映を見ることができるほか，その地域ならではの星の話題を聞くことができるなど，新しい発見があることでしょう。緯度の違いで見られる星空が違うことにも気がつくかもしれません。施設それぞれの特色ある，魅力的な投映に出会えるチャンスです。

プラネタリウム投映機もさまざまです。形はもちろん，投映機の映し出す星空の様子も，実はそれぞれにちょっとした個性がありますので，ぜひじっくりとご覧ください。座席の配置や，椅子の座り心地，解説者の話など，施設ごとに異なりますから，こんなところもチェックすれば，プラネタリウムの楽しみが一層広がることでしょう。 **（安藤 享平）**

プラネタリウム投映機だけでなくプロジェクターや流星投映機などの補助投映機がどのように使われて，どのように解説や番組投映が進められているのか，仕組みを見てみるのも面白いものです。また，解説中に解説者がどのような動きをして，機器を操作しているのかを見てみるのも興味深いでしょう。

でも一番いいのは，解説者がどのようなお話をするのか，どのような流れで説明をしていくのかということに注意を向けつつ「楽しむ」ことだと思います。 **（多胡 孝一）**

プラネタリウムで眠ってしまってもいいですか？

Question 44

Answerer 小林 則子・多胡 孝一
安藤 享平

暗く，静かな空間で，きれいな星空を見上げていたら，気持ちよくなって，眠ってしまう方もいらっしゃると思います。

もちろん，プラネタリウムでは，眠っていただいても大丈夫です。ただし，いびきが響かないようにだけ，気をつけていただけると嬉しいです。

プラネタリウムは星や宇宙を「体験」する場所ですが，いらっしゃる目的はさまざまだと思います。学び以外にも，娯楽，デート，家族のレジャー，時間つぶし，たまたま通りかかってなんとなく…など，いろいろあるでしょう。

時には，暗闇の中たくさんの星に包まれて，一人静かに過ごしたい，心も体も休めたい，眠りたい…という目的もありです。ゆったりとしたシートにもたれて，満天の星の下でうとうとする…見終わった時には，頭がすっきり，リフレッシュできていることでしょう。

実は，「日本プラ寝たリウム学会」という学会があり，毎年11月23日の勤労感謝の日に，「全国一斉　熟睡プラ寝たリウム」というイベントを全国各地のプラネタリウムで行っています。プラネタリウムで思いっきり寝るチャンスです。プラネタリウムで眠くなる方は，ぜひ参加されてみてはいかがでしょうか。もちろん，普段は皆さんが「面白くて眠れない投映」を目指して，私たちも腕を磨いていきます。 **（小林 則子）**

解説者にもよると思いますが，私は眠って良いと思います。満天の星の下で，心地よい声や音楽が聞こえてきたら，眠るなというほうが難しいかもしれません。寝ている人を見ても解説者は怒ったりしません。私の場合は，解説のテンポや声などが心地良かったのだと思うようにしています。

本当は退屈で寝てしまったのかもしれませんが…。その時は，反省します。 **（多胡 孝一）**

深く倒れる椅子に座り，暗くなった室内で星空を見上げていると，ついつい意識が遠くなり，気づけば夢の中に…暗くなることで人間に眠気がやってくるのは，ごく自然なことと言えます。そして，プラネタリウムで心地よい時間を過ごしていただくことは，まったく問題はありません。

ただし，ドーム内は少しの物音でも響きやすい構造になっていますのでお気を付けください。特に，隣よりもドームの中央に対して反対側など，思いもしないところで，はっきりと声が聞き取れてしまうという特徴があります。ほかの起きている方のためにも，自分のためにも，いびきや寝言にはお気をつけください。

眠くなる生物学的なメカニズムはまだわからないことが非常に多いと言われています。人間の体内時計は，最近の研究ではおよそ 24 時間 10 分とされています。このリズムは，昼と夜という自然環境に影響され，リズムを補正していると考えられています。ですので，プラネタリウムでの時間を夜と認識して，リズムが変化しているのでしょう。 **（安藤 享平）**

ちなみに，「熟睡プラ寝たリウム」は 2011 年（平成 23 年）の勤労感謝の日にはじまり，２年目から全国の施設で開催されるようになりました。

11月23日を中心に，枕やパジャマの持ち込みOK，アロマの香りと満天の星々，ポインターなしの星空解説，BGMだけの星空観賞，BGM抜きの星空解説など，各施設で工夫を凝らした投映を行っています。

これまでの全国一斉「熟睡プラ寝たリウム」の参加施設と参加人数は以下の通りとなっています。

図44-1　2022年に開催された「熟睡プラ寝たリウム」のポスター
（提供：明石市立天文科学館）

図44-2 「熟睡プラ寝たリウム」の様子
（提供：明石市立天文科学館）

表 44-1　参加施設とのべ参加人数

年	施設数	人
2011 年	1 施設	259 名
2012 年	4 施設	267 名
2013 年	12 施設	585 名
2014 年	15 施設	943 名
2015 年	24 施設	2,106 名
2016 年	32 施設	2,998 名
2017 年	35 施設	3,790 名
2018 年	40 施設	3,089 名
2019 年	46 施設	4,325 名
2020 年	48 施設	3,365 名
2021 年	55 施設	3,879 名
2022 年	57 施設	6,424 名

（出所：明石市立天文科学館ホームページ）

プラネタリウムでどんなことができますか？

Question 45

Answerer 明井英太郎

プラネタリウムの一番の特徴は「星空を投映できる」ことですので，一般向けの投映や学校向けの投映では，星や星座，最新の天文現象や宇宙の話題を提供しています。また，最近では，ドームスクリーン全体に映像を投映することが可能となり，TV アニメのキャラクターたちのプラネタリウム番組も上映されています。では，プラネタリウムでできることはこうした番組の投映だけなのでしょうか？

一般の音楽ホールでは正面にステージがあり，観客はステージに正対する形で舞台の演目を見る場合がほとんどです。それに対して，プラネタリウムにはドーム型の天井すべてに映像を投映できるため，観客を取り巻く 360 度すべてをシアターとして使うことができる特徴があります。最近ではこうした特徴を生かし，「星空と○○○」といったいろいろなイベントが数

図 45-1　星空コンサート（提供：安城市文化センタープラネタリウム）

図 45-2　プラネタリウムで開催されるいろいろなイベント

多く行われるようになっています。「星空×音楽」，「星空×合唱」，「星空×落語」，「星空× DJ」，「星空×演劇」など，プラネタリウムならではの新たな集客イベントが次々に生まれています。

また，星空の投映だけでなく，室内を真っ暗にできることもプラネタリウムの特徴です。暗闇のなかでリラックスしてもらいながら，妊婦さん向けのマタニティ・プラネタリウムや，星空ヨガなども開催されています。さらに，室内を貸し切りにしてファッションショーや結婚式を行った施設もあります。

お近くのプラネタリウム施設のホームページをチェックしてみてください。あなたが思いもしなかったようなイベントが行われているかもしれません。

また，こんなイベントを開催したい，など相談してみるのも良いかもしれません。プラネタリウムの新しい使い方が生まれるかもしれませんね。

プラネタリウムのマニアックな楽しみ方を教えてください。

Question 46

Answerer 森屋 哲

プラネタリウムの楽しみ方は人それぞれです。「あっ」と驚くような楽しみ方をしている方もいます。私の出会った方たちから学んだ，ちょっとマニアックな楽しみ方を紹介いたしましょう。

そこまでリアル!?

それは多摩六都科学館の「ケイロンⅡ」を友達と見に行ったときのことです。ふと隣の彼を見ると，かばんから双眼鏡を取り出しているではありませんか。彼いわく「肉眼で見えない暗い星まで投映されているから，双眼鏡で見るともっと楽しめるんです。M 45 とか良いですよ～。」とのこと。

最近の投映機の星空はリアル志向ですが，見方まで本物の星空を見るときのようにリアルにしなくても……。そのうち大きな望遠鏡を持ち込むのでは，と心配になりますが，面白い楽しみ方ですね。

図 46-1　多摩六都科学館のプラネタリウム

プラネタリウム行脚!?

大型連休の日の投映終了後，なかなかドームの部屋からお出にならないお客様がいました。声をかけてみると「私は投映機が好きで全国を回っているのです。この投映機をずっと見たかったのです！」とのこと。投映機ごとの特徴や，「推しプラネ（お気に入りのプラネタリウム）」，プラネタリウム業界の噂話など，すっかり話し込んでしまっていると，「いけない，いけない。次に間に合わなくなるので，この辺で。」なんと，この日だけで３軒もハシゴするそうです。このお客様のようにプラネタリウムを巡る旅に出るのも面白いかもしれませんね。

私が解説者!?

「プラネタリウムの解説を私もやってみたい！」でも，解説者になるのは難しい。そんな方はプラネタリウムのある館でボランティアをしてみてはいかがでしょう。館によってはボランティアによる投映日を設けている場合もあります。また，高校の部活，大学のサークルなど，投映機を自作して文化祭で星空解説をなさっている団体もあります。そういったプロではない方の投映で，私の心に残っているものがいくつもあります。

いま，プラネタリウムができなくても，その思いを大切に心の中で温めておいてください。いつか星空の下でお話を聴かせていただけることを楽しみにしています。

プラネタリウムが人に与える効果を教えてください。

Question 47

Answerer
安藤 享平・小野寺正己
多胡 孝一

私たちの普段の生活では，本当に真っ暗な「夜」という世界を体験することが少なくなっています。夜とは言え，普段は家でも外でも電気をつけ，明るい中で時間を過ごします。電気を消して寝るときも，窓からは外の街灯や街明かりが薄く照らしてきます。そうした現代において，「暗闇」がどのような世界であるか，月の明かりが夜を照らしてくれる明るさなど，普段暮らす街なかでは経験しづらい，星空を含めた夜という自然を実感させてくれる場所，それが「プラネタリウム」という場とも言えるでしょう。

図 47-1　星空を含めた夜という自然を実感させてくれる場所

夜は人の心を落ち着かせるとともに，じっくりと物事を考えることができる時間だと言われます。日々の慌ただしい生活から離れて，広大な宇宙を見ながらゆっくりと過ごすということは，リフレッシュにも癒しにもなるでしょう。

哲学者の今道友信さんは，夜について「われわれに昼という自然現象とは違った考え方を用意」する世界であり，「夜とは自己の内面を見通す場」であると捉えています。[1]プラネタリウムで，星空を見上げる夜を体験できることは，知らず知らずのうちに宇宙を通して自分のことを振り返り考える時間を持つ貴重な機会になっているかもしれません。さらには，自分を知るということは宇宙を知ることともつながってきます。138億年という宇宙の歴史を知ることは，自分がどうしてここにいるのかを知る，ルーツを知ることにもなります。

プラネタリウムを見ることは，星や星座の知識はもちろん，さまざまな楽しみをもたらしてくれますが，根源的にはそうした熟考の機会や知的好奇心を呼び起こす効果があると言えるでしょう。

（安藤 享平）

記憶の種類を「意味記憶」と「エピソード記憶」に分ける考え方があります。

「意味記憶」とは，空に見える日々形を変えて見える天体が月であるといった学校で学ぶような知識のことを言います。一方「エピソード記憶」とは，「満月の時に徐々に月が欠けていき，皆既月食で真っ赤な月となったときの風景やその月の色が忘れられない」といった個人が経験した出来事に関する記憶を言います。

プラネタリウムでは，この「意味記憶」に関する情報が提供されるだけではなく，企画者・投映者の「エピソード記憶」等に基づいた演出も提供されます。前者は，観覧者の「知識」を豊かにすることに寄与すると考えます。一方，後者は観覧者の持つ「エピソード記憶」とリンクするかどうかで，投映の効果が違ってくると考えます。リンクがなされた時には，投映内容への「共感」が生まれ，情緒的な満足感が生まれます。しかし，リンクがない場合には，演出の「共感」が得られず，満足いただけないことがあるものです。ただしリンクがない場合でも，観覧した演出に観覧者が驚いたり心惹かれたりした場合には，そのプラネタリウムを見た経験が，まさに「エピソード記憶」になることがあるでしょう。

このようにプラネタリウムが人に与える効果は，知識が得られるという「意味記憶」に関わる教育的な効果があります。そして「共感」という感情へのはたらきかけが伴う場合には，観覧者の「エピソード記憶」にも影響を与える効果もあるのだと考えます。 **（小野寺正己）**

人類の歴史を考えると，その長い年月のなかで，人工の明かりで夜を照らすようになったのは，つい最近のことです。人類の DNA には，太陽や月，地球のリズムに基づき，星空の下で生活することが，組み込まれていると思います。現代の人工の明かりに満ちた都市での生活は，人間本来のリズムを損なわせているのかもしれません。

このような現代で，プラネタリウムは星空を提供し，宇宙へ想いを巡らせることができます。そこに何を感じるかは，その人次第ですが，きっと何か，現代の日常では得られない，人間本来の感覚がよみがえると思います。 **（多胡 孝一）**

参考文献 1）今道友信「自然哲学序説」（講談社学術文庫）

プラネタリウムの良し悪しはどこを見るとわかるの？

Question 48

Answerer 明井英太郎

とあるプラネタリウム施設のオープン当時の話です。この施設は最新式の機器設備が設置され，映像で宇宙を紹介していました。そこを訪れた 80 歳くらいの熟年夫婦から，「ここはプラネタリウムですね？」と聞かれたので，「はいそうです。どうぞご覧ください。」とご案内したのですが，投映終了後，その夫婦が顔を真っ赤にして怒りながら，「あなたは嘘つきだ。こんなものはプラネタリウムではない。」と罵られたことがありました。よくよくお話を伺うと，この夫婦は，以前，渋谷にあった「五島プラネタリウム」をよく訪れていて，「星空解説」をいつも楽しみにしていたのだそうです。つまり，この夫婦は，プラネタリウムで「星空解説」を聞きたかったのに，今回，新しくオープンしたプラネタリウムでは「映像番組」の上映のみで「星空解説」が無かったというわけです。このご夫婦にとっては，最新式の機器が導入されたプラネタリウムの映像体験よりも，素朴な星空解説を求めていたということになります。

かつてのプラネタリウムのイメージは，クラシック音楽で夕焼けから日の入りを迎え，やがて一番星が出てきて今日の星空を紹介し，ギリシャ神話の紹介の後，これからの天文現象について解説した後，「皆さん，おはようございます。」の声とともに日の出を迎える…。そのようなものでした。50 歳くらいから上の方は同じイメージを持たれていると思います。

一方，20～30 歳の若い世代の方は，星空だけでなく，宇宙やアニメーション，音楽など，さまざまな番組を提供している施設がプラネタリウムのイメージではないでしょうか。

最近のプラネタリウムでは，こうした多様化した要望に応え

図 48-1　五島プラネタリウムの初投映を観る関係者（提供：東急㈱）

図 48-2　星空を解説するプラネタリウム担当者

るために，「星空を投映する時間」や，「映像番組を投映する時間」を分けて時間割を組んでいる施設も見られるようになりました。また，シニアや若年層といった年齢ごとに適したプログラムを提供している施設もあります。

プラネタリウムの良し悪しといった場合，投映機の性能（星の美しさや数の多さ）や，投映される映像の綺麗さ，音響のすばらしさが比較対象になるかもしれません。あるいは，解説をする方の話術や雰囲気，座席の広さや座り心地が評価に影響するかもしれません。

しかし一番大切なことは“あなたがそこに何を求めて訪れるか”ではないでしょうか。プラネタリウム施設はたくさんありますので，映画や演劇のように，あなたが見たいプログラムを探してみてください。きっと，あなたに合ったプラネタリウムが見つかることでしょう。

プラネタリウムの役割や意義はどんなところですか？

Question 49

Answerer 安藤 享平・小野寺正己
多胡 孝一

人はプラネタリウムに何を期待して行くのか，この本をご覧の皆さんはそれぞれに期待することやイメージを持っていることと思います。そうした期待に応えられるように，各プラネタリウムではそれぞれの役割を果たし，社会的に意義を持つ施設であるよう，日々努力をしています。

星空を見上げることでゆったりとした時間を過ごし，癒しを感じる人も多いでしょう。そして，星を人がどのように見てきたか，歴史や文化の面から宇宙観を見直し，現在の私たちにとっての宇宙観を持つことにつながります。

ダイナミックな宇宙の姿が眼前に迫る疑似体験は，最新の天文学・科学の理解を促し，より知りたいという知的好奇心を喚起します。たとえ難しい理論などでも映像によってイメージとして持つことができます。

プラネタリウムの星空や映像が展開されるなかでの解説や物語は，目で見えるさまざまな情報を知識としてまとめたり，感性を揺さぶります。スマートフォンやVRと違い，周りの人とともに同じ時間を共有し，体験を共有することができます。エンターテイメント空間として，非日常の世界に入る楽しみをもたらしてくれることもあります。

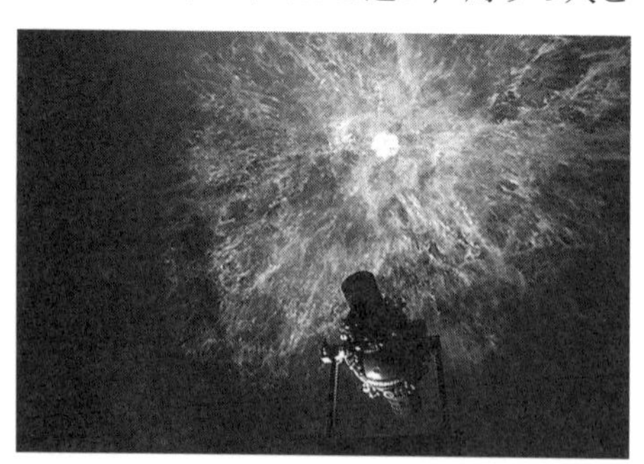

図49-1　ドームに映し出される宇宙の様子

星の動きや月の満

ち欠け，天体の姿や宇宙の構造の正確な表現は，宇宙の様子を自在に実演できる優れた教育的なツールとなり，天文分野の理解を図り，「わかること」の楽しさを伝え，実際に本当の星空に向き合う手助けとなります。

こうした役割や意義を持ち，広大な宇宙をドーム空間に詰め込んだプラネタリウムは，科学・歴史・文化・芸術など，さまざまな要素が詰め込まれています。それは広い宇宙の中にいる私たちの地球のようであり，人間の活動を凝縮したようです。

今後もさまざまな「宇宙」を表現し，それを感じて理解し，楽しめる場所として，より発展していくことでしょう。

そして，皆さんのプラネタリウムでの体験からアイデアが生まれ，新しい役割や意義がまた生まれてくることでしょう。ぜひプラネタリウムを楽しみ，大いに活用してください。

（安藤 享平）

プラネタリウムの役割や意義は，プラネタリウムが設置されている施設の目的（使命）により変わります。わが国のプラネタリウムの多くは，自治体が設置している場合が多いことから，各施設の設置に関わる条例にその目的や使命が記載されています。その目的を達成させることが，公共の福祉に資することにつながり，プラネタリウムの役割や意義に通じるのだと言えます。民間設置施設の場合にも，それぞれに設置した目的があり，それに基づいた投映をすることで，プラネタリウム設置の役割や意義につながると言えるでしょう。以上の考え方に基づいたプラネタリウム投映は，設置側のシーズとも言えます。

一方，プラネタリウム観覧者側のニーズとしての役割や意義も，さまざま考えられます。観覧者ニーズに応えるプラネタリウム投映に規則性はありませんが，定石はあるのではないかと筆者は考えます。それは，観覧者から共感が得られる投映内容（星空・映像・音楽・語り等）になっていることです。

たとえば「科学を伝える教具として」のプラネタリウムは，事実や理論を提示するだけではなく，観覧者のこれまでの生活経験とリンクしたり，新しい驚きや発見があったりした時にニーズに応えたと言えるでしょう。また「心地よさを与える道具として」のプラネタリウムは，観覧者が星空や映像を引き立てる音楽に心が触れたり，星空や風景・映像に引き込まれたりした時にニーズに応えた投映となるのだと言えます。

図 49-2 「科学を伝える役割」や「心地よさを与える道具」としてのプラネタリウム

つまり，提供する側と観覧する側の共感が生まれた時に，プラネタリウムの役割と意義が果たせたと言えるのだと考えます。

（小野寺正己）

都会では，満天の星を見ることはできません。日常生活では，もはや縁遠くなってしまった星空や宇宙について，身近に感じるきっかけを与えることができると思います。天候や時間に左右されることなく，自分の思い立った時間に宇宙の中に身を置くことができる特別な機会，空間，それがプラネタリウムです。

図 49-3　宇宙旅行の疑似体験ができるドーム映像

　また，プラネタリウムは，これから起こる未来や過ぎ去った過去の天文現象を経験したり，一瞬で宇宙の果てまで旅をしたり，時間と空間を自由自在に操ることができます。たとえるのなら，「ドラえもん」の「タイムマシーン」と「どこでもドア」の機能を兼ね備えた，スーパーマシンとも言えると思います。

（多胡 孝一）

これからのプラネタリウムはどうなるでしょう？

Question 50

Answerer 毛利 勝廣

太陽系内の惑星の位置を示すものから始まった「プラネタリウム」（Q1参照）は，1923年，球形のドームを作って内側から星を映し出すという「近代プラネタリウム」の発明で大きくその機能や見栄えが変わりました。その名前が持つ意味「惑星を見る場所」から大きく広がって星空や宇宙を示すものになったのです。

その後，特殊な投映機による日食や月食などの再現，スライドフィルムによるパノラマや全天映像の投映が行われるようになりました。その後，技術のめざましい進歩により，投映機も進化，デジタル映像の全天投映により地上からの星空の再現にとどまらず，擬似的に宇宙旅行ができるようにもなりました。さらに大きな全天映像による没入感を利用して天文学以外での活用もされています。またドームごと移動させて，さまざまな場所で活用する「モバイルプラネタリウム」も進化を続けています。さらに，空自体が光る自発光ドームも現実のものになりました。

一方「プラネタリウム」という単語は，ドーム状の星空という概念からも抜け出していきました。たとえば星空を再現するPCやスマートフォンアプリなども「プラネタリウムアプリ」と呼ばれたりします。またゴーグルを付けて見るVR（バーチャルリアリティ：仮想現実）でも「プラネタリウム」という言葉が使われます。現在では「プラネタリウム」は「星空を扱う何か」という広い意味になっています。

さてそんな「プラネタリウム」は今後どうなるのでしょう？少なくとも星空や宇宙を表現する手法はどんどん進歩し変わっ

ていくでしょう。そしてすでに「惑星を見る場所」から「星空を扱う何か」になった歴史からすると，もっと広い範囲のものを飲み込んでいくでしょう。ただその入り口には「星空」そして広い意味で「宇宙」があります。これは外せないですね。そして外れることはないでしょう。それは私たちがこの宇宙の中の存在だからです。

アイジンガーが200年以上前に「プラネタリウム」を作ったのは，惑星直列で世界が終わるという悪意のデマに惑う人たちに，最新の科学知識である惑星の運行や日月食の予測をわかりやすく示すことで人びとの不安を取り除くためでした。わかることは安心につながります。「プラネタリウム」の出発点はそこにあったのです。自分の住んでいる宇宙だからこそ，気になり，知りたいという気持ちが起きます。見上げるとそれは私たちの頭上に広がっています。そしてその魅力に取りつかれます。

私たちはどの時代もその時なりの最善の手法による「プラネタリウム」を通じて，自分たちの住んでいる世界のことを表現し解説してきました。私たちの世界を表現し理解するための「プラネタリウム」。これは私たちが平和にこの宇宙に存在している限り，ずっとあり続けると思います。

図50-1　自分たちの住んでいる世界を表現するプラネタリウム（提供：名古屋市科学館）

索 引

〔欧文〕

AHHAA サイエンスセンター　99
BGM　86,142
CHIRON Ⅱ　20
CHIRON Ⅲ　33
CRT　54
DNA　151
GSS-HERIOS　33
G1014si　29
IAU　37
IMAX　45
LED　16,28,32,51,109
M-1 型　25,32
MEGASTAR　19
ORPHEUS　32
PLANETARIUM Starry Cafè　77
SL 銀河　77
STEAM　104
Universal23/3 型　63
VR　154, 159

〔数字〕

32 面体　25
3D データ　54
3DCG　117

〔あ行〕

アイジンガー・プラネタリウム　3,6
アイゼ・アイジンガー　2,5,10,158
明石市立天文科学館　63
朝・夕焼け　44
アストロビジョン　45
アート　104
アドラー・プラネタリウム　105
アニメ　144
アニメーション　117,152
天の川　19,49
アラトス　36
アリウム　2
アルキメデス　9
アルミニウム（アルミ）　85,88
アルミパンチング　83,84
アレキサンドリア　36
アロマ　142
安城市文化センター　109
１球式　口絵５,33,48
一方向配列　92～94
緯度運動　9,30
緯度変化　13
意味記憶　150
色温度　22
インタラクティブ　116
インナー・スペース　104
宇宙観　154
宇宙旅行　158
運動機能　27
運動軸　29, 30
映画館　110
エッチング　22
エピソード記憶　150
愛媛県立総合科学博物館　81,97
円筒形　81
大阪市立電気科学館　13,59,75,130
オスカー・フォン・ミラー　10,57
オート番組　42,114
オーラリー　2,11,63
オールスカイ　44
音圧レベル　90
音響装置（音響システム）　83,123
音響卓　口絵６

〔か行〕

皆既月食（月食）　150,158
解説者　50,92,114,120,122,128,

130,135,137,140
解説ブース　口絵6,121,122
回転コネクター　28
回転軸　30,31
回転速度　27
回転体　30
科学技術　11
学習投映　53,112,113
学芸員　128
可視化映像　104
可視光　47
柏崎市立博物館　52
学校教育　104
金子式　61,63
ガラス板　15
カール・ツァイス社　2,11,12,57,60,68,98
カール・ツァイスⅠ型　6,12,58,62,98
カール・ツァイスⅡ型　13,40,58,62
ガレリウム・ゾーリンゲン　107
環境　104
機械式　51
幾何学　104
擬似体験　108,154
キセノンランプ　51
北半球　47
軌道星隊シゴセンジャー　100
基本設計　71
キャラクター　102,103,117,144
球型　82
教員免許　128
魚眼レンズ　17,51,74
極点　28
ギリシャ神話　152
銀河団飛行　53
金属箔　22
空撮映像　46
釧路市こども遊学館　101
久万高原天体観測館　77,106
暗闇　132,149
グロティウス　36
傾斜型　80,83,138
軽量化　32
夏至　44
結婚式　146
光学式　16,22,52,55,57,68,74
光源　16,22,28,32,45,51,74
恒星間飛行　53
恒星球　26,32,40,47
恒星原板　15,16,19,22,25,40,54
恒星シャッター　25
恒星投映機　26
恒星投映筒　26
構造体　28
高速回転　42
黄道　9,28
黄道12星座　7
公務員試験　128
広報資料　127
郡山市ふれあい科学館　64,82,99,124
国際児童年　75
国際天文学連合　37
国際プラネタリウム協会　41,97
古代星座　36
ゴットルプ天球儀　10,11
五島プラネタリウム　60,75,79,153
コペルニクス　7
コペルニクス式プラネタリウム　7
固有運動　41,56
コルコス兄弟　40,41
ゴルトバッハ　37
コンソール　64
コンピュータ　51,55,124
コンピュータグラフィックス　59

〔さ行〕

歳差運動　9,13,30
歳差軸　27
採用試験　128
ジェミニスターⅢ　102
ジオサイエンス　104
子午線　28

シゴセンジャー　100
支持機構　28
自然科学　11
自治体　75,155
実施設計　71
自転　30
自動演出機能　42
自発光ドーム　158
字幕つきの投映　114
シミュレーション映像　104
社会教育　104
集客数　111
集光　25
秋分　44
熟睡プラ寝タリウム　140～142
受注生産品　69
春分　44
障がい　114
蒸着　22
初等教育　104
新型コロナ禍　110
人工衛星　44
シンボリック　81
神話　113,121,124
水平型　80,83
数値シミュレーション　104
スカイライン　45,109
スターエッグ　101
ステージ　144
ステレオ　90
ストリーミング　105
スピーカー　84,86,90
スマートフォン　154,158
スライド（投映機）　44
スリップリング　28,30
制御機能　27
星座絵　36
星座図帳　36
星図　36
星像　20
静態保存　63
星天城　77
星表　49
生物学的なメカニズム　141
世界最大　96,99
赤道　9,28
セーレンプラネット　91,108
仙台市天文台　72
全天周映像（全天映像）　45,135,158
操作卓　口絵6,27,63,71,123
ソケット　28

〔た行〕

第一次世界大戦　12
大航海時代　36
太陽系儀（太陽系運行儀）　2
多摩六都科学館　147
地動説　7
ツァイス型　口絵5
つくば万博　75
デジスター　54,63
デジタル式　17,47,52,55,68,74,104
電気信号　30
天球　14,25
天球儀　10,11,57
天球図譜　37
電球　16,28,51,68
電子回路　22
電線　28
天像儀　3
天体観望会　121,122,125
天体写真　125
天体望遠鏡（望遠鏡）　116,121
天動説　2,3,7
天文館　63
天文教具　112
天文時計　9
ドイツ博物館　2,6,10,11,12,57,98
投映機能　25
投映原稿　121
投映筒　22,26
投映レンズ　25

等級差　40
東京国際見本市　32,61
冬至　44
同心円配列　92～94
動態保存　63
東日天文館　13,59,75,130
ドーム型　81
ドームスクリーン　15,25,45,46,79,
83,85～89,106,115

〔な行〕

流れ星　44
名古屋市科学館　63,82,97
生解説　114,115,135
ナレーション　135
南中高度　44
２球式　48
二至二分　44
二重構造　106
日周運動　9,12,30
日周軸　27
日食　9
日本天文遺産　60,62
日本プラネタリウム協議会（JPA）
75, 110
年周運動　12,47
年周軸　27
野尻抱影　130

〔は行〕

ヴァルター・バウアースフェルト　11
ハイブリッド式　口絵５,51,52
薄明・薄暮　44
歯車　9,42
箱型　82
バックヤード　84
発声練習　125
パノラマ　45
ハバタッキー　103
ハロゲンランプ　51
ハロット　102
ハンズ・オン教材　104
ハンブルグ・プラネタリウム　107
東大阪市立児童文化スポーツセンター
ドリーム２１　20,42
光ファイバー　23
ピンホール式　17,18,68,73
ファイノメナ　36
ファッションショー　146
フィラメント　68
府中雑貨団　114
プトレマイオス　2,7,36
プラネくん　103
プラネターリアム銀河座　77
プラ寝たリウム　140～142
プラネタリウムアプリ　158
プラネタリウム 100 周年　64
プラネタリウムメーカー　70
プラネット　2
フラムスチード　36
プリン型　81
フルドーム映像　115
プロジェクター　17,47,51,55,69,
74,123
ヘイデン・プラネタリウム　98,105,
106
ベビー投映　114
ポインター　142
方位軸　27
防災設備　79
星空コンサート　144
星と音楽の夕べ　133
補助投映機　44,45,55,123,139
ポグソンの式　22
没入感　109,158
ボーデ　37

〔ま行〕

丸天井　14
南半球　47
ミュージアムショップ　17

メンテナンス　口絵6,127
モーター　28,42
モノクロ　55
モバイルプラネタリウム　158
モリソン型　口絵5,47
モリソンプラネタリウム　105

〔や行〕

幼児投映　112,132
四日市市立博物館　99

〔ら行〕

ライブ投映　115
リクライニング　92
理工系博物館　11
リフレッシュ　149
流星群　110
レンズ　28

〔わ行〕

ワイヤーフレーム　54
惑星棚　32,47
惑星直列　5

編者紹介

株式会社　五藤光学研究所（かぶしきがいしゃ　ごとうこうがくけんきゅうしょ）

東京都府中市矢崎町四丁目16番地
1926年（大正15年）に創業。天体望遠鏡メーカーとして，全国の学校・科学館等に小型望遠鏡，大型反射望遠鏡，太陽望遠鏡などの納入の他，1959年にプラネタリウムの国産化に成功。その後，国内外のプラネタリウム施設に機器を数多く納入し，2004年には光学式とデジタル式を融合させたハイブリッド・プラネタリウムシステムを開発するなど，ハード，ソフトの両面にまたがる多くの専門職を配し，天文や宇宙の魅力を判りやすく伝え，ドーム空間が持つ可能性を追求する会社。

執筆者略歴　（五十音順）

明井　英太郎（あかい　えいたろう）

1963年生まれ，1988年プラネタリウムメーカーに入社後，現在までに約100のプラネタリウム施設の企画・設計・施工に携わりプラネタリウム空間の魅力を創出，㈱五藤光学研究所　営業本部長

安藤　享平（あんどう　きょうへい）

1977年生まれ，大学で特異銀河を研究，現在は地域と天文を結び付けた活動に注力しプラネタリウムの解説や企画運営に従事，郡山市ふれあい科学館 事業課主任（学芸員）

井上　毅（いのうえ　たけし）

1969年生まれ，1997年から明石市立天文科学館の学芸員に従事，「時と天文」の文化と歴史や「プラネタリウムの発展史」が専門，ブラック星博士マネジャー，明石市立天文科学館館長

今井　文子（いまい　ふみこ）

28年にわたり，プラネタリウムメーカーで広報を担当，㈱五藤光学研究所 営業本部企画営業

小野寺　正己（おのでら　まさみ）

1965年生まれ，大学院で教育心理学を専攻，博士（学術），学校教員を経て盛岡市子ども科学館，仙台市天文台でプラネタリウム等に従事，仙台市天文台長

笠原　誠（かさはら　まこと）

1962年生まれ，大学では応用理化学を学ぶ，プラネタリウムメーカーに入社後，39年にわたりプラネタリウム機器の開発設計に従事，㈱五藤光学研究所　常務取締役開発生産本部長

木村　かおる（きむら　かおる）

1964年生まれ，大学で物理を学んだ後，天文博物館五島プラネタリウムの解説者として活躍，2021年-2022年国際プラネタリウム協会会長，専門は天文教育，プラネタリウムでの真正データの利用について勉強中，大妻女子大学家政学部准教授（地学）

小林　則子（こばやし　のりこ）

大学で物理を学び，東急まちだスターホールのプラネタリウム解説者として活躍，プラネタリウムメーカーにて各施設の運営支援を行う，府中市郷土の森博物館　学芸グループ　天文企画・交流係　マネジャー

佐藤　俊男（さとう　としお）
柏崎市立博物館にて長くプラネタリウム担当として投映に携わった，柏崎天文同好会会員

髙橋　智香子（たかはし　ちかこ）
1976年生まれ，18年にわたり盛岡市子ども科学館プラネタリウムで番組やイベントの企画・解説に従事，盛岡市子ども科学館企画・交流係サブマネジャー

多胡　孝一（たご　こういち）
1974年生まれ，大学・大学院で地球惑星科学を学んだ後，19年にわたりプラネタリウムの運営や解説に従事，釧路市こども遊学館学芸員（天文担当）

塚田　健（つかだ　けん）
1982年生まれ，大学で太陽系小天体と太陽系外惑星，理科教育を学んだ後，プラネタリウム施設で解説に従事，文理融合の番組制作を得意とする，平塚市博物館学芸員

日本プラネタリウム協議会
（にほんぷらねたりうむきょうぎかい）
2006年発足，プラネタリウム施設・団体，およびそれに関わる個人等が参加する日本を代表するプラネタリウムの会，https://planetarium.jp

長谷川　哲郎（はせがわ　てつろう）
1962年生まれ，複数の施設で32年にわたりプラネタリウムの投映に携わる，2016年より福井市自然史博物館分館（セーレンプラネット）分館長兼企画・交流係

平岡　晋（ひらおか　しん）
大学では工業デザインを学び，自動車メーカーにて各種乗用車のデザインを担当，2006年からVision & Design.デザインダイレクター・建築家，同年安城市文化センタープラネタリウムの解説・運営等に従事，特定非営利活動法人アイ・プラネッツ副理事長

松下　真人（まつした　まさと）
1980年生まれ，大学および大学院で理科教育を修了の後，プラネタリウム職員として19年の経験を有する，仙台市天文台企画・交流係

宗政　剛（むねまさ　つよし）
1970年生まれ，複数のプラネタリウム施設を経て，スペースLABO（北九州市科学館）プラネタリウム運営マネジャー

毛利　勝廣（もうり　かつひろ）
1964年生まれ，理学修士（地球科学），学術博士（情報科学），民間企業を経て1990年から名古屋市科学館の学芸員としてプラネタリウムでの解説や運営に従事，名古屋市科学館天文主幹

森屋　哲（もりや　てつ）
1984年生まれ，教員養成系大学を卒業後，児童館のプラネタリウムで解説員となる，㈱五藤光学研究所 マネジメントサービス部門運営支援

執筆協力

児玉光義，毛利裕之，日本プラネタリウム協議会，Mark Webb

みんなが知りたいシリーズ⑳

プラネタリウムの疑問 50

定価はカバーに表示してあります。

2023 年 7 月 18 日　初版発行

編　者　五藤光学研究所

発行者　小川　啓人

印　刷　三和印刷株式会社

製　本　東京美術紙工協業組合

発行所 株式会社 成山堂書店

〒160-0012 東京都新宿区南元町 4 番 51 成山堂ビル

TEL：03（3357）5861　　FAX：03（3357）5867

URL　https://www.seizando.co.jp

落丁・乱丁本はお取り換えいたしますので，小社営業チーム宛にお送りください。

ISBN978-4-425-98431-2